职业院校新形态通识教育系列教材

安全教育教程
Safety Education

微课版

张兵 余新智 / 主编　王雪陶 罗美英 范全 / 副主编

本书为《安全教育读本（第3版）（附微课视频）》
（ISBN：978-7-115-51690-9）改版

人民邮电出版社
北　京

图书在版编目（CIP）数据

安全教育教程：微课版 / 张兵，余新智主编. -- 4
版. -- 北京：人民邮电出版社，2023.7
职业院校新形态通识教育系列教材
ISBN 978-7-115-61783-5

Ⅰ. ①安… Ⅱ. ①张… ②余… Ⅲ. ①安全教育－高
等职业教育－教材 Ⅳ. ①X956

中国国家版本馆CIP数据核字(2023)第084965号

内 容 提 要

安全教育对青少年具有重要意义。青少年只有掌握一定的安全知识，才能在学习、生活和社会实践中提升安全意识，加强防范措施。本书从职业学校的培养目标和实际需求出发，根据青少年的特点和实际情况编写而成。本书共设置八大主题，包括校园篇——维护学校稳定，构建和谐校园；防火篇——增强防火意识，防止火灾发生；交通篇——遵守交通规则，争做文明标兵；家庭篇——温馨和睦家庭，杜绝事故伤害；运动与旅游篇——美好休闲时光，注意人身安全；社会篇——面对复杂社会，抵制致命吸引；职场篇——实现人生价值，走向美好未来；急救篇——掌握急救常识，做贴心小卫士。

本书力求贴近职业院校学生的实际情况，语言简洁、内容充实，具有较强的可读性和可参考性，既可以作为职业院校安全教育课程的教材，又可以作为普通读者提升安全意识，提高急救能力的读物。

◆ 主　　编　张　兵　余新智
　　副主编　王雪陶　罗美英　范　全
　　责任编辑　楼雪樵
　　责任印制　王　郁　彭志环
◆ 人民邮电出版社出版发行　　北京市丰台区成寿寺路 11 号
　　邮编　100164　　电子邮件　315@ptpress.com.cn
　　网址　https://www.ptpress.com.cn
　　北京七彩京通数码快印有限公司印刷
◆ 开本：787×1092　1/16
　　印张：9.5　　　　　　　　　2023 年 7 月第 4 版
　　字数：178 千字　　　　　　2024 年 9 月北京第 5 次印刷
定价：42.00 元
读者服务热线：(010)81055256　印装质量热线：(010)81055316
反盗版热线：(010)81055315
广告经营许可证：京东市监广登字 20170147 号

随着社会的发展、人类的进步，人们对安全问题的认识不断加深。如今，人们面对的安全问题已不仅关乎人身安全，还涉及生活环境安全、社会财产安全等各个方面。影响人类安全的因素除了自然因素以外，还有人为因素、社会因素等，它们均会给人类安全带来威胁。可以说，安全是人类生存、生活和发展的基础，也是社会存在和发展的前提和条件。

安全教育是指学校为了维持学校的正常秩序，维护学生人身、财产安全和身心健康，提高学生的安全防范意识与自我保护能力，从学校实际出发，依照国家相关法律法规，制定各类安全教育与管理规章制度，并进行国家法律法规以及学校安全规章制度、安全知识与防范技能所进行的教育与管理活动。

安全教育对学生具有重要意义。只有掌握一定的安全知识，学生才能在学习、生活和社会实践中做到未雨绸缪：在面临突发性安全事件时，能及时采取应对措施，避免自己遭受损失；当身处灾害和事故中时，也能想方设法自救和互救，最大限度地减少损失。党的二十大报告指出："全面贯彻党的教育方针，落实立德树人根本任务，培养德智体美劳全面发展的社会主义建设者和接班人。"对学生进行安全教育，是学生道德素质培养和全面健康发展的重要途径和手段，也是创建平安、和谐校园的重要保证。

本书从职业院校的培养目标和实际需求出发，既介绍了学生在学校应掌握和了解的基本安全知识，又涉及学生毕业后走上工作岗位时应掌握的安全知识，为提高学生的专业素质和丰富的安全知识提供了依据。

此外，本书力求贴近学生的实际情况，语言简洁、通俗晓畅、内容充实、图文并茂，具有较强的可读性和可操作性。

本书改版时充分采纳用书教师提出的意见、建议，结合新时代职业院校学生学习生活的实际情况与时代背景，对全书做了更新。和第 3 版相比，本书在每篇新增了学习目标，在全书穿插素养提升模块，引导学习方向，帮助学生树立正确的人生观、价值观，增强学生的家国情怀，并让学生在充分了解中华民族优秀品质的基础上进一步提升民族自信和文化自信。此外，我们更新了部分案例，使书中的知识性内容更加完善、精准。

在编写本书的过程中，编者参阅了大量的著作，在此向相关作者表示衷心的感谢！

由于编者水平有限，书中难免存在不足之处，敬请读者批评指正。

编　者

2023 年 4 月

目 录
CONTENTS

急救篇 >>>

掌握急救常识，做贴心小卫士

附录 >>>

学生伤害事故处理办法

校园篇

维护学校稳定，构建和谐校园

校园安全一直以来都是社会关注的热点之一，也是全社会安全工作中一个十分重要的组成部分。校园是学生学习、生活的主要场所，我们要深入学习贯彻党的二十大精神，推动学校树立安全发展理念、强化安全生产底线思维和红线意识，从根本上消除安全事故隐患，而学生作为技能型人才和高素质劳动者的后备军，在创建"和谐校园"的活动中，要形成安全意识，掌握安全知识，养成注重安全的习惯。

学习目标

　　1. 掌握校园安全的相关知识，养成注重安全的习惯，树立正确的是非观念。

　　2. 增强安全意识，接受安全教育，努力构建安全文明校园，树立正确的世界观、人生观和价值观。

第一课

遏制校园暴力

案例引入

　　案例一：某天，某市一所学校的学生郑某与同校学生胡某玩耍时发生纠纷。次日放学后，胡某与另一名学生郭某约郑某到某小学操场，准备殴打郑某。这时，郑某用藏在书包里的西瓜刀砍伤郭某，致使郭某手臂受伤，郑某被送入少年管教所。

　　案例二：某校一男一女两名学生骑车回家，路过一僻静的街道时，突然一群歹徒围上来要强行搜身。当时，男生镇定自若，掏出身上的数百元，谎称自己也是"道上混"的，愿意和他们交个朋友。这群歹徒见他那么"爽快"，也没有过多地为难他们，拿了钱便扬长而去。等歹徒走后，男生急忙叫女生去报警，自己则悄悄跟在歹徒后面确认他们的行踪。不久，正在有说有笑地分享"战果"的歹徒被警察全部抓获。

知识探究

　　校园暴力是指发生在校园及其附近的，以学校教师或学生为施暴对象的恃强凌弱的暴力行为，主要包括抢劫与抢夺、纠纷与斗殴等情形。

　　校园是培养人才的地方，本该是文明殿堂，然而近年来人们常常会看到或听到在校园内发生的一些暴力事件。这些事件给美丽的校园蒙上了一层阴影。学校作为社会的一个重要组成部分，要竭力遏制校园暴力的发生。没有和谐的校园，也就没有和谐的社会。

一、防范抢劫与抢夺

　　抢劫是指以非法占有为目的，对财物的所有人、保管人当场使用暴力、胁迫或者其他方法，强行将公私财物据为己有的一种犯罪行为。抢夺是指以非法占有为目的，乘人不备，公开夺取数额较大的公私财物的犯罪行为。这两类犯罪行为都容易造成凶杀、伤害、强奸等恶性案件，严重侵犯他人的财产及人身权利，威胁他人生命或财产安全，造成他人生命、健康及精神上的损害，比盗窃犯罪具有更大的危害性，因此，必须积极防范。

1. 校园抢劫、抢夺案件的特点

　　（1）案发时间一般为师生休息或校园内行人稀少时，如夜深人静时。

　　（2）大多发生于校园中比较偏僻、隐蔽、人少的地带。例如，树林中、小山上，以及远离宿舍区的教学实验楼附近或无路灯的人行道旁、正在兴建的建筑物内等。

　　（3）抢劫、抢夺的主要对象是单独行走的人员，特别是单独行走的女性。

　　（4）作案人员一般较熟悉校园环境，常常团伙作案；作案时胆大妄为，作案后迅速逃遁。

2. 如何防范抢劫、抢夺

　　要防范抢劫与抢夺，应注意以下几点。

　　（1）外出时不要携带过多的现金和贵重物品，如果必须携带大量现金或贵重物品，那么可请同学随行。

　　（2）现金或贵重物品最好贴身携带，不要置于手提包或挎包内。

　　（3）不外露或向他人炫耀现金、贵重物品，应将现金、贵重物品藏于隐蔽处。

　　（4）尽量不要在午休或夜深人静时单独外出，特别是女生，尽量不要在偏僻、隐蔽处行走、逗留。如果必须通过该路段，那么最好结伴而行，或者携带一些防卫工具。

　　（5）发现有人尾随或窥视时，不要紧张或露出胆怯神态，可以用手机偷偷向同学或老师发送自己的定位信息或简要说明自己遇到的情况，也可以大胆回头多盯对方几眼，或哼歌，或大叫同学、老师的名字，并改变原定路线，立即向有人、有灯光的地方奔跑。

3. 遭遇抢劫、抢夺时的对策

万一遭遇抢劫、抢夺，应当保持镇定，根据所处的环境，对比双方的力量，针对不同的情况采取不同的对策。

（1）案发时，冷静对比犯罪分子和自己的力量，若具备反抗的能力或时机有利于自己，则可以在保证自身安全的情况下，趁对方不注意时迅速反击，以制服对方或使其丧失继续作案的心理和能力；也可以在不危及生命安全的情况下，大声呼救或故意高声与对方说话。

（2）在搏斗中，可利用有利地形或身边的砖头、木棒等足以自卫的武器与犯罪分子形成僵持局面，使对方短时间内无法近身，以便引来援助者，并给对方造成心理压力。

（3）巧妙麻痹犯罪分子。当自己处于对方的控制之下而无法反抗时，可按对方的要求交出部分财物，切不可一味地求饶，应当尽量保持镇定，以轻松的语气与对方交谈，采取幽默的方式表明自己已交出全部财物且并无反抗的意图，使其放松警惕，以便看准时机进行反抗或摆脱其控制。

（4）采用间接反抗法，即趁对方不注意时在其身上留下记号，如在其衣服上擦上泥土、血迹，或在其口袋中偷偷装一个便于识别的小物件，在犯罪分子得逞逃跑后，注意其逃跑去向等。

（5）如果敌强我弱，则应采取灵活做法，保持镇静，注意观察犯罪分子，尽量准确记下其特征，如身高、年龄、体态、发型、衣着、语言、行为等。

（6）及时报案。要尽快向公安机关报案并告知学校保卫部门，说明案发时间、案发地点、犯罪分子特征、自己的财物损失情况等。犯罪分子得逞后，很有可能会继续寻找下一个作案目标，或在作案现场附近的商店和餐厅挥霍所抢财物。学校一般都有较为严密的防范措施，及时报案并准确描述犯罪分子特征，有利于有关部门及时组织力量布控，抓获犯罪分子。

二、预防纠纷与斗殴

学校出现纠纷与斗殴现象，多是因为学生之间的一些小矛盾没有及时得到化解。那么，怎样预防和化解纠纷，以及如何防止斗殴现象的发生呢？

微课

预防纠纷与
斗殴

1. 预防和化解纠纷

纠纷虽然是生活中的常见现象，但往往会造成严重的后果，因此，我们应尽力防止纠纷的发生，避免"一失足成千古恨"。我们预感到可能会发生纠纷的时候，应尽力做到以下几点。

（1）冷静克制，切莫莽撞。无论争执由哪一方引起，都要保持冷静，不可情绪激动。这就要求我们大度，虚怀若谷，只有"大着肚皮容物"，才能"立定脚跟做人"。正如人们描写大肚弥勒佛的对联："大肚能容，容天下难容之事；开口便笑，笑世间可笑之人。"

（2）诚实、谦虚。诚实、谦虚是加强团结和增进友谊的基础，也是消除纠纷的"灵丹妙药"。有了诚实、谦虚的品质，在发生纠纷时，就能认真听取他人的意见，宽容他人的过失，处理好分歧。在与他人交往的过程中，特别是在发生争执的时候，诚实、谦虚并不是懦弱与妥协的表现，相反，其为自身强大和品德高尚的表现。

（3）注意语言美。实践证明，纠纷多由口角引起。"恶语伤人""病从口入，祸从口出""话不投机半句多"，这些都深刻揭示了语言与纠纷的辩证关系。语言美是社会主义精神文明的重要内容。我们不小心冒犯别人时，讲一句"对不起""很抱歉""请原谅"，或者当别人冒犯自己、向自己道歉时，回一句"不要紧""没关系"，紧张的气氛就会烟消云散，双方就能"化干戈为玉帛"。

2. 防止斗殴现象的发生

（1）防止突发性斗殴的"良方"——说服术。突发性斗殴往往是由于不能冷静对待偶然发生的冲突而引起的。面对突发性斗殴应采取说服的方法，针对不同的对象，认真讲清道理，指出"行其少顷之怒而丧终身之躯"的严重后果，使对方冷静下来。

（2）防止报复性斗殴的方法——攻心术和暗示效应。生活中，人们的思想动机必然会通过言语、行为等显露出来，所以，我们要注意关心身边同学的思想变化，发现问题后及时而有针对性地进行规劝。攻心术与说服术的区别是，攻心术以关切为先导，不直接指出对方的错误，因为那样容易引起对方的反感，或置对方于十分难堪的境地。每个人都有自尊心，所以，我们应委婉相劝，用相似的人或事来善意暗示对方，让对方主动觉醒，从而领悟到同学之间的情谊，使矛盾自然消失。

（3）防止演变性斗殴。演变性斗殴一般有较长的滋生过程。学生长期生活在一起，不可避免地会发生一些摩擦和冲突，而有些伤人感情的话语则容易引发斗殴。对这类斗殴，预防和及早发现、及时化解尤为重要。

（4）防止群体性斗殴。学生完全能够从纷繁复杂的生活现象中分辨是非，判断正误。广大学生应该合理看待部分武侠小说、打斗类影视作品中宣扬的"江湖义气"，树立正确的交友观念，不要因为所谓的"哥们儿义气"而置法律于不顾。

反观自我　>>>>>>>>>>>>>>>>

学完本课，对于其中提到的同学之间的情谊，你是如何理解的？

_____

_____

_____

知识拓展

打架斗殴的性质

生命权和健康权是人类最基本的权利，是其他一切权利的基础。打架斗殴行为可能构成的罪名有两个：一个是"故意伤害罪"，另一个是"故意杀人罪"。打架斗殴是一种典型的故意伤害行为。下面展开介绍故意伤害罪。

按照故意伤害造成的结果，"故意伤害罪"可分为故意伤害致人"轻伤"、故意伤害致人"重伤"和故意伤害致人"死亡"。法律规定：14周岁以上（包括14周岁）的人，要对故意伤害致人重伤或死亡的后果承担刑事责任；16周岁以上（包括16周岁）的人，要对故意伤害致人轻伤以上的行为承担刑事责任。

刑事责任是指触犯《刑法》所要承担的法律责任，具体包括管制、拘役、有期徒刑、无期徒刑、死刑等。打架斗殴等故意伤害行为严重扰乱社会秩序，严重威胁他人的生命和健康，《刑法》对此规定了较重的刑事责任。《刑法》第二百三十四条中规定：故意伤害他人身体的，处三年以下有期徒刑、拘役或者管制。犯前款罪，致人重伤的，处三年以上十年以下有期徒刑；致人死亡或者以特别残忍手段致人重伤造成严重残疾的，处十年以上有期徒刑、无期徒刑或者死刑。

学以致用

1. 什么是抢劫？应如何防范抢劫？
2. 如果你的好朋友被人欺负，找你帮忙去报复别人，你应不应该去？为什么？
3. 如果你在日常生活中和同学发生了矛盾，应该怎么处理？为什么？

第二课

应对踩踏事件

案例引入

案例一：某天，某学校晚自习结束学生下楼时，几个男生故意堵住楼梯口，从而导致了一起8人死亡、20余人受伤的校园恶性楼梯踩踏事件。

案例二：2022年10月29日晚，首尔龙山区梨泰院一带发生严重踩踏事故，据相关统计数据，事故造成100余人死亡、近200人受伤。

一、踩踏事件发生的原因

踩踏事件主要发生在空间有限且人群相对集中的场所，如球场、商场、室内通道或楼梯、影院、超载的车辆上、航行的轮船中等，人群的情绪如果因为某种原因而变得过于激动，那么置身其中的人就有可能受到伤害。

踩踏事件发生的原因主要有以下几点。

（1）前面有人摔倒，后面的人又没有止步。

（2）人群由于受到惊吓而惊慌失措，大家在逃生过程中互相拥挤。

（3）人群过度兴奋造成拥护踩踏。

（4）好奇心驱使人群拥挤造成踩踏。

二、遭遇拥挤时的应对措施

人流量大的地方极易发生踩踏事件，所以大家应尽量避免靠近人多、拥挤的地方，如果不小心置身其中，可以按以下方法进行处理。

（1）发现拥挤的人群向着自己行走的方向涌来时，应该马上避到一旁，但不要奔跑，以免摔倒。

（2）如果路边有可以暂时躲避的地方，应及时暂避。切记不要逆着人流前进，那样非常容易被推倒在地。

（3）若身不由己陷入人群之中，一定要先稳住双脚。切记远离玻璃窗，以免因玻璃破碎而被扎伤。

（4）遭遇拥挤的人流时，一定不要采用体位前倾或者低重心的姿势，即便鞋子被踩掉，也不要贸然弯腰捡鞋或系鞋带。

（5）如有可能，可以先抓住一件坚固牢靠的东西，待人群过去后，再迅速离开现场。

三、出现混乱局面时的应对措施

如果发现拥挤的人群出现混乱，一定要保持冷静，听从现场工作人员的统一指挥，不要盲目拥挤，以免发生更大的悲剧，并针对现场情况采取相应的措施。

（1）在拥挤的人群中，要时刻保持警惕，当发现有人情绪不对或人群开始骚动时，就要做好保护自己和他人的准备。

（2）尽量不要被绊倒，避免自己成为踩踏事件的诱发因素。

（3）当发现自己前面有人突然摔倒了，要马上停下脚步，同时大声疾呼，告知后面的人不要向前靠近。

（4）若被推倒，则要设法靠近墙壁，面向墙壁，身体蜷成球状，双手在

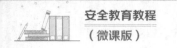
颈后紧扣，以保护身体最脆弱的部位。

四、发生事故后的应对措施

如果发生事故，面对惊慌失措的人群时，我们一定要稳定情绪，不要被别人慌乱的情绪感染。惊慌失措只会使情况更糟，大家可以按以下方法处理。

（1）如果发生拥挤踩踏事故，应及时联系外援，寻求帮助，迅速拨打"110"或"120"。

（2）在医务人员到达现场前，要抓紧时间用科学的方法开展自救和互救，尽量减少伤者的痛苦，避免产生更大的伤害。

发生严重踩踏事件时，最多见的伤害就是骨折、窒息。可根据具体情况进行判断，先将伤者平放在木板或较硬的垫子上，再解开其衣领、围巾等，使伤者保持呼吸道畅通。

素养提升

郑州地铁5号线：老人、孩子、晕倒的人先走

2021年7月20日，郑州暴雨导致地铁5号线严重积水。地铁被困亲历者回忆称，地铁没行驶多久就开始有水渗进车厢，水位最高时淹到胸口处，多人出现缺氧、呛水等症状。

脱困后，亲历者回忆道："每个人都在喊着让晕倒的人先走，两个男生架着一个晕倒的人，每个人都上去扶一把，把晕倒的人先救出去。所有的男生都说让女生先走，男生站在两边让女生先走，即使是情侣都放开了彼此的手，让女生先走。""男生们在后面一人拉着一个女生走。我头晕走不动了，不管停在哪里，不管男女都会说一句，你靠着我就可以。看着好多男生和消防员叔叔一直泡在水里，接应一个又一个女生出去，真的是觉得很庆幸，生在中国这样一个有爱的国度，遇到善良可爱的人……"

面对困境，大家互相帮助、互相鼓励，不急不慌，依次撤离。每个人都在喊着让晕倒的人先出去，每个人都上去扶一把，所有的男生都说让女生先走，所有的年轻人都让老人和孩子先行，大家都展现出了勇敢、温暖、善良的一面。

反观自我 》》》》》》》》》》》》》》

我们应从因为拥挤而发生的踩踏事件中汲取什么教训？

_____

_____

_____

知识拓展

危险时刻如何保持镇定

（1）在拥挤的人群中，一定要时刻保持警惕，不要被好奇心驱使而盲目奔走。当面对惊慌失措的人群时，更要保持情绪稳定，惊慌只会使情况更糟。

（2）在拥挤的人群中，要和大多数人的前进方向保持一致，不要试图超过别人，更不能逆行，要听从指挥人员的口令。同时，也要发扬团队精神，因为组织纪律性在灾难面前非常重要。

专家指出，心理镇定是个人逃生的前提，服从大局是集体逃生的关键。

学以致用

1. 踩踏事件发生的原因主要有哪些？
2. 生活中哪些场所容易出现拥挤现象？应该如何避免被卷入拥挤的人群中？

第三课

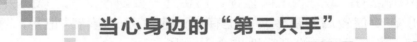

当心身边的"第三只手"

案例引入

一天晚上，某学校学生陈某称宿舍被盗，其放在床垫底下的现金不翼而飞。安保人员赶到现场发现，室内的5只箱子全部被撬，抽屉和床上用品被翻得乱七八糟。在仔细勘查后，安保人员发现有一只箱子实属假撬，并以此为线索，破获了一起上铺学生盗窃下铺学生财物的案件。幸好陈某报案及时，赃款还在作案人的文具盒里，否则，陈某半个月的生活费就没有了着落。

知识探究

盗窃是一种以非法占有为目的，秘密窃取国家、集体或他人财物的行为。它是一种常见的，并为人深恶痛绝的违法犯罪行为。盗窃案在学校发生的各类案件中占90%以上。

以作案主体进行分类，盗窃案可分为外盗、内盗和内外勾结盗窃3种类型。少数学生对自己要求不严，人生观和价值观扭曲，法律意识淡薄，不顾家庭和自己的经济承受能力，过度消费，盲目攀比，从而产生没有钱花就去偷盗的想法，逐步走上了犯罪道路。

一、如何保管自己的现金和贵重物品

有的学生有手机、平板电脑、数码相机等比较贵重的物品，还有的学生一次从家中带来几千元生活费，一旦财物被盗，不仅会使生活、学习受到很大影响，往往还会影响情绪，分散精力。

（1）最好的保管现金的办法是将其存入银行，尤其是数额较大的现金更要及时存入银行，千万不能怕麻烦。

① 储蓄后要将身份证与银行卡分开存放并记下卡号，一旦被窃或丢失，便于报案和到银行挂失。

② 选用适当的储蓄种类，就近储蓄。

（2）贵重物品应随身携带，以防被人顺手牵羊或被闯入者盗走。

① 放假离校时应将贵重物品带走或委托可靠的人保管，不可留在宿舍。

② 睡前应将贵重物品锁入抽屉，防止被人盗走。

③ 宿舍的门最好换上防盗锁，门钥匙不要随便乱放，以防丢失。

④ 在价值较高的贵重物品上有意识地做上一些特殊记号，这样即使物品被偷走，将来找回来的可能性也会大一些。

二、宿舍防盗应注意哪些问题

应保护好每个同学的财物，谨防被盗，这不仅是个人的事，还要依靠全宿舍、全班同学共同努力。宿舍防盗应注意以下几个问题。

（1）最后离开宿舍的同学要锁门，养成随手关门、锁门的习惯。短时间离开宿舍，如去水房、厕所、隔壁宿舍或买饭时也要锁门，不要一时大意，以免后悔莫及。

案例警示

一女生到相邻宿舍办事，没锁门，仅过了几分钟，回来后就发现挂在床上的手包连同手机、银行卡等价值8000元的东西被盗，她痛哭不已。

（2）尽量不要让他人留宿。年轻人热情好客很正常，但不可违反学校宿舍管理规定，更不能放松警惕，以免引狼入室。

案例警示

　　某同学小 A 在返校途中结交了一位朋友小 B，小 B 谈吐文雅，自称是本校高年级同学。几天后，小 B 来找小 A 玩，正赶上小 A 要上课，小 A 便将小 B 留在宿舍，谁知小 B 却将宿舍内的现金、贵重物品席卷而去。事后经调查，发现学校根本没有此人。

　　（3）对形迹可疑的陌生人应提高警惕。盗窃分子都有在宿舍楼里四处走动、窥视、张望等共同特点，见到这类形迹可疑的陌生人，要提高警惕，认真盘问，这样就会使盗窃分子无机可乘，不敢贸然动手，在客观上起到预防作用。

　　（4）负责安全的值班人员要切实担负起责任，其他同学要支持值班人员的工作，尊重值班人员。

案例警示

　　某年暑假的一天中午，某学校假期返校的学生李某将自行车停放在宿舍楼二楼，几分钟后就发现自行车不见了。在查找过程中，值班人员发现一宿舍的门反锁了，用钥匙打不开，进而对室内嫌疑人杨某进行审查。最后发现杨某是外校学生，不但盗窃了自行车，还盗窃了 4 台笔记本电脑。

　　（5）尽量不要将钥匙借给他人，防止钥匙失窃、宿舍被盗。

三、发现宿舍被盗后的应对措施

　　发现宿舍被盗，不少同学首先想到的是赶紧翻看自己的柜子、箱子、抽屉，查看自己丢失了什么，另一些同学则出于关心、好奇等原因前来围观、安慰。结果，待公安机关接到报案来到现场时，现场的状态已发生很大变动，这使公安人员难以对犯罪活动做出准确判断，影响了破案工作。那么发现宿舍被盗后该怎么办呢？

　　（1）发现宿舍门被撬，抽屉、箱子的锁被撬或里面的物品被翻动时，应立即向学校保卫部门报告或向公安机关报案。

　　（2）封锁并保护现场，不准任何人进入现场。

　　（3）发现存折或银行卡被盗，应尽快到银行办理挂失手续。

　　（4）如实回答前来勘验和调查的公安人员提出的各种问题。回答时，一要实事求是，不可凭空想象、推测；二要认真回忆，力求全面、准确。

　　（5）积极向负责侦查案件的公安人员提供线索，协助破案。反映情况时要尽量提供各种疑点、线索，不要觉得某事无关紧要而忽略不提，也不要因怕伤害同学感情而故意不提。公安机关有义务为反映情况的学生保密。

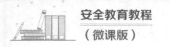
反观自我

你身边发生过盗窃事件吗？学完本课，你得到了什么启发？

_____

_____

_____

知识拓展

什么是犯罪现场？

犯罪现场是判断犯罪分子进行犯罪活动和真实反映犯罪分子客观情况的基础。只有将现场保护好了，侦查人员才有可能把犯罪分子遗留的手印、脚印、犯罪工具等痕迹和物品收集起来，而这些正是揭露和证实犯罪的有力证据。

犯罪现场应设岗看守，禁止围观，不能让无关人员进入现场。封闭室内现场，不能翻动室内的任何物品，盗窃分子可能留下痕迹的门柄、锁头、窗户、门框等也不能触摸，以免把无关人员的指纹留在上面，给勘查现场、认定犯罪分子的工作带来麻烦。

学以致用

1. 看到陌生人进入宿舍，你应该采取什么措施？
2. 如果你的宿舍被盗，你应该怎么办？

第四课

学会自我保护

案例引入

某学校的学生上完晚自习，在回家的路上发现有人尾随。原回家路线前方不远处便是偏僻路段，该学生当机立断，迅速改变了回家路线，并在不远处果断地进入了一家人较多的餐馆。

知识探究

近年来，性侵害事件频发，不但给受害者造成身体上的伤害，也给他们的心理带来了难以磨灭的伤痕。我们应该掌握一些自我保护的知识，保护好自己。

一、学生容易遭受性侵害的时间和场所

（1）夏天天气炎热，学生晚间活动时间延长，外出机会增多。夏季的校园内绿树成荫，犯罪分子作案后容易藏身或逃脱。

（2）夜晚因为夜晚光线暗，犯罪分子作案时不容易被人发现，是性侵害易发生的时间。

（3）偏僻路段是易发生性侵害的场所。树林深处、夹道小巷、楼顶晒台以及没有路灯的街道楼边，尚未交付使用的新建筑物内，无人居住的小屋、茅棚等僻静之处，若单独行走、逗留，则很容易遭受不法分子的侵害。所以，最好不要单独行走或逗留在上述场所。

二、如何注意安全

注意安全须从我做起，树立警惕意识，加强自我防卫，具体要做到以下几点。

（1）保持警惕。如果在校园内行走，则应选择灯光明亮、来往行人较多的大道。对于路边黑暗处要有戒备，最好结伴而行，不要单独行走。如果走校外陌生道路，则应选择有路灯和行人较多的路线。

（2）陌生人问路，尽量不要带路，尤其是在偏僻路段。向陌生人问路，也尽量不要让对方带路。

（3）衣着得体，尽量穿行动方便的鞋子。

（4）不要搭乘陌生人的车，防止落入坏人的圈套。

（5）遇到不怀好意的人挑逗，要及时斥责，表现出自己应有的自信与刚强。如果碰上坏人，则应高声呼救，即使四周无人，也切莫紧张，要保持冷静，利用随身携带的物品或就地取材进行有效反抗，还可采取周旋、拖延时间等办法来等待救援。

（6）一旦不幸遭受侵害，也不要丧失信心，要振作精神，鼓起勇气同犯罪分子作斗争。要尽量记住对方的外貌特征，如身高、相貌、体形、口音、服饰以及特殊标记等。要及时向公安机关报案，并提供证据和线索，协助公安机关侦查破案。

三、防卫方法

（1）喊。有道是"做贼心虚"，不要小看喊的作用，它有可能阻止犯罪。如果犯罪嫌疑人正处于犯罪初始阶段，那么应当大声呼救，以求得他人的救助。

（2）撒。如果只身行路遭遇犯罪嫌疑人，呼喊无人，跑躲不开，犯罪嫌疑人仍然紧追不舍，那么这时可以就地取材，抓一把泥沙撒向犯罪嫌疑人面部，以争取时间报警。

（3）撕。如果"撒"的办法不起作用，仍被犯罪嫌疑人死死缠住，那么可以在反抗中撕烂犯罪嫌疑人的衣裤，然后将衣裤碎片、衣扣、断带等作为证据带到公安机关报案。

（4）抓。如果使劲撕仍不能制止犯罪嫌疑人的加害行为，可以向犯罪嫌疑人的面部、裆部抓去。

（5）踢。面对一时难以制服的犯罪嫌疑人，可以用力踢向他的裆部，这样可以削弱他继续加害的能力。

（6）变。发现有人跟踪时，不要害怕，应见机变换行走路线，尽力将其甩掉。

（7）认。受到犯罪分子的不法侵害时，牢记犯罪分子的面部和体态特征，多记线索，以便在报案时（一定要争取在 24 小时之内）提供给公安人员。

（8）咬。犯罪分子施暴时常常先将受害者的双臂缚住，此时应抓住时机咬住对方不松口，迫使其停止侵害。

反观自我

某校女生小张经常在上学路上受到坏人的骚扰，小张因为害怕被报复，不敢将此事告诉家长和老师，请问小张的做法对吗？你觉得她应该怎么做呢？

_____

_____

_____

知识拓展

遇到坏人怎么办？

（1）向交通岗亭或执勤的警察寻求保护。

（2）若附近无交通岗亭或警察，则应到商场等人多的地方去，然后打电话叫熟人来接。

（3）假装打电话透露马上要和熟识的人见面，并大声说"爸爸，我马上就到了！""哥哥，你来接我了？你在哪儿呢？"等。

（4）如果可能，应迅速拦一辆出租车或乘公交车离开。

第五课

维护实验室安全

案例引入

案例一：某学校组织学生参加灭火演示，一名学生未按老师要求站在规定的方向和距离以外，擅自进入危险区，被火焰喷出的物体击倒，当场被烧伤。

案例二：某学校一名女生在做"苯乙烯和生物油聚合"的实验时擅自离开了实验室，导致通风橱着火事故发生。

知识探究

学校实验室安全事故按发生的原因可分为4种类型：①因人员操作不当、仪器设备使用不当和粗心大意而酿成的事故；②因仪器设备和各种管线年久失修、老化损坏而酿成的事故；③因自然现象而酿成的自然灾害事故；④非法侵害事故（如恶意引入计算机病毒或黑客攻击等）。

一、实验室火灾事故发生原因及预防

学生在实验室做实验时，可能会接触易燃液体和气体，如果违反规定和处理不当则极易引发火灾。

微课

实验室安全

1. 实验室发生火灾事故的主要原因

（1）在实验室抽烟并乱扔烟头，使烟火或火星接触易燃物。

（2）供电线路老化、短路、超负荷运行。

（3）忘记关电源，致使电器通电时间过长，电器温度过高和电线发热。

（4）电器操作不当或使用不当。

（5）易燃物品保管或使用不当。

（6）不遵守实验室安全管理规程，违反操作规则，实验过程中擅自脱岗等。

2. 实验室火灾事故的预防

（1）参加实验的学生在实验前要认真检查实验设备的安全性能状况，发现电线及设备存在故障时，应及时报告实验室管理人员。

（2）学生在实验室应严格遵守实验室管理规定，不得违规在实验室吸烟或使用电器。

（3）参加实验的学生在操作设备时应集中注意力，使用易燃、易爆物品时更要谨慎，实验结束前不得擅自脱岗，以防发生火灾事故。

（4）参加实验的学生要了解实验室灭火器材的种类、存放位置和使用方法，一旦实验室发生火灾事故，在报警的同时，应立即使用灭火器材灭火。

二、实验室爆炸事故发生原因及预防

爆炸是大量能量在短时间内迅速释放或急剧转化成机械能的现象。学校实验室的爆炸事故多发生在有易燃、易爆物品和高压容器的实验室。

1. 酿成实验室爆炸事故的直接原因

（1）违章操作，没有遵守安全管理规定。

（2）设备老化、存在故障，未及时检修。

（3）易燃、易爆物品管理不善，发生泄漏，遇火花引起爆炸。

2. 实验室爆炸事故的预防

（1）了解爆炸物品的性能。

（2）在与爆炸物品接触时，要做到"七防"：防止可燃气体、粉尘与空气混合，防止明火，防止摩擦和撞击，防止电火花，防止静电，防止雷击，防止化学反应。

（3）严格遵守各项法律、法规和规章制度。

（4）严格履行自己的岗位职责。在进行实验、实习时，要听从指挥，协调行动，恪守职责。

（5）要依靠组织解决异常问题。如果发现爆炸物品丢失或违反国家关于爆炸物品管理规定的行为，必须及时报告老师、学校保卫部门或当地公安机关，便于组织采取措施，防止危害事故发生。

（6）做好实验设备特别是压力容器的定期检验工作。

三、实验室中毒事故发生原因及预防

学校实验室的中毒事故多发生在有化学药品和有毒物品的化学、化工、生化实验室和有毒气排放的实验室。

1. 实验室中毒事故发生的原因

（1）违反操作规程，将食物带进有有毒物品的实验室或将食物与有毒物品存放在一起，并误食。

（2）因管理不善，造成有毒物品散落流失，引起环境污染。

（3）排风、排气不畅，使毒气难以散出，引起未及时离开实验室的人员中毒。

（4）废水排放管路受阻或失修改道，造成有毒废液流出，引起环境污染。

（5）没有进行有效防护，如没有按规定穿防护服装、戴防毒面具等。

2. 实验室中毒事故的预防

学生要特别重视有毒物品的使用与管理问题，在实验中需要使用有毒物品时，要严格遵守规定。学校对有毒物品要按照"五双制"（双人保管、双人双锁、双人记账、双人领取、双人使用）的规定进行管理；学生在使用有毒物品时，必须有教师带领；有毒物品用完后，对废弃物要妥善保管，不得随意丢弃、掩埋或用水冲，应上交学校统一处理。

反观自我　＞＞＞＞＞＞＞＞＞＞＞＞＞＞＞

实验室火灾与爆炸事故在我们身边时有发生，学完本课，你得到了什么样的启示？

_____

_____

_____

知识拓展

实验课安全须如

实验课是学生在校学习的重要课程，学生在做实验时要注意安全。实验用品有时是易燃、易爆、强腐蚀的化学药剂和有毒、有害或强电流的高危物品，实验的新奇又使得学生处于兴奋状态，因此学校要做好实验课的安全管理和强调实验用品的安全使用。

（1）严格遵守实验规程，严格按照教师的指导和要求进行操作。

（2）盛放强腐蚀药剂的器皿必须安放牢固，防止打翻烧伤人员或引起其他事故。

（3）严禁向浓硫酸内直接加注水，防止发生飞溅，烧伤人员。

（4）严禁在没有防护的情况下将实验物品移出安全储藏环境，如将钠、磷分别从煤油、水中拿出来。

（5）必须用火柴或其他安全火种点燃酒精灯，严禁将酒精灯倾斜互点，防止酒精外溢或打翻酒精灯引发火灾。

（6）对易爆物品要注意安全使用，使用易爆物品时，要远离火源。

（7）避免漏水、漏洒液体，防止因泄漏物腐蚀导致其他事故。

（8）化学物品溅到人的眼睛里时，应用冲洗眼睛的专用液体及时冲洗，并采取其他急救措施。

（9）做释放有毒气体的实验时，一定要安装尾气处理装置，以防发生中毒事故，损害健康。

（10）做带电实验时，应确保电器处于安全工作状态，以防发生火灾、触电、爆炸等事故。

（11）做光学实验时，严禁用眼睛直视强光源，防止烧伤眼睛。

（12）实验室里的仪器一般都沾有药品或细菌，因此，生物实验中的解剖刀具要谨慎使用，防止划伤手指；严禁持解剖刀具嬉戏，谨防事故发生。

（13）及时清洗实验用具并进行消毒，防止污染环境或引发其他事故。

（14）不要将实验室里的药品随意拿出实验室，更不能随意去其他地方自行做实验，防止出现意外。

（15）若实验时出现意外，不要慌乱，一切听从教师的指挥。

◀ 学以致用 ▶

1. 学校实验室安全事故发生的原因有哪些？
2. 学生在实验中应如何使用有毒物品？

◆◇ 素质拓展 ◇◆

何杰：见义勇为的外卖骑手

"美团外卖，开始接单了……"2021年12月13日临近中午11点，何杰的手机响个不停。何杰快速查看手机，赶往顾客下单的商家，与商家仔细核对顾客点餐的数量以及顾客备注要求后，以最快的速度将餐品准时送到顾客手中。

当他打开保温箱，记者看到，里面放着两个热气腾腾的塑料杯。"现在天气比较冷，把它放在里面，保温效果更好，能保证顾客在冷天也能吃上热乎乎的饭。"何杰说。

何杰于1992年出生于平山县的农村，2020年2月成为石家庄市维伯（石家庄）祥隆泰站美团外卖的一名普通骑手，每天穿梭在城市的各个街道。

配送服务站站长杨华说，何杰虽然工作时间不长，性格内向，但为人正直、乐于助人。至今，配送站仍挂着一面感谢何杰的锦旗，上面写着"见义勇为模范骑手，品德高尚人民典范"。

原来，2020年3月17日上午11点左右，何杰在送单途中行驶到友谊大街与新石南路路口时，一声叫喊吸引了他的注意力。一位大姐喊着："那个小姑娘，有人偷你手机。"眼见小姑娘向前追着跑，由于没有交通工具，瞬间被小偷落下了很远。何杰见状，立即骑着电动车朝小偷逃跑的方向追去，边追边喊："我报警了，警察马上就来。"在何杰穷追不舍下，小偷随手把手机扔到路边草丛中，慌忙逃走了。何杰捡起手机交还给失主岳女士。"当时岳女士说，手机价值1万多元，而且手机

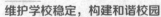

里有很重要的资料和珍贵的照片。随后她想加我微信,作为感谢,要转给我1000元。"何杰说。但何杰当时并没有想那么多，认为只是帮了个小忙，不肯收这笔钱，而且有订单马上要超时，就走了，也没有通过岳女士的微信好友请求。2020年3月19日，岳女士带着1000元现金和一封感谢信来到站点答谢何杰，但被他再次婉拒。2020年3月22日，岳女士送来一面锦旗表示感谢。

"没有别的想法，干好工作就行。"何杰腼腆地说。工作至今，他的顾客投诉率为零。

（资料来源：中工网，有删改）

讨论：

1. 结合材料分析何杰具有哪些精神品质。

2. 如果你在校园生活中看到"伸向同学的第三只手"，应怎样应对？谈谈你对"见义勇为"的看法。

防火篇

增强防火意识，防止火灾发生

火是人类的朋友，也是人类的敌人。人们几乎每天都要与火打交道：做饭、烧水、取暖等。而发生火灾的最根本原因是人们的消防安全意识淡薄，缺乏基本的消防安全常识。隐患险于明火，防范胜于救灾，责任重于泰山。

　　了解、学习和掌握防火知识，协助学校做好防火工作，减少和杜绝火灾的发生，保障自己和大家的人身和财产安全是我们应尽的义务。

学习目标

1. 了解火灾中各种逃生自救的办法，培养自我生存能力。
2. 树立火灾自护、自救的观念，增强安全意识。

第一课

了解火灾的成因及危害

案例引入

　　某天早上，北京市某学校宿舍发生火灾。北京市消防部门接到报警后，迅速调动 4 个消防中队、22 辆消防车赶赴现场。经过消防员的奋力扑救，大火不到一个小时就被扑灭。根据现场勘查和了解到的情况，消防部门初步断定火灾是学生违规使用"热得快"并不慎将水烧干导致的。

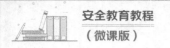

知识探究

一、引起火灾的因素

燃烧作为一种发热、发光的化学反应，是人类最早发现和熟悉的化学现象之一，而燃烧一旦在时间和空间上失去控制就会演变为"着火"，由此造成的物质财产损失和人员伤亡等灾难性的事件被称为"火灾"。一般来说，引起火灾的因素主要有两个方面：一是自然因素，二是人为因素。

自然因素引起的火灾是指某些物质自燃或遭受雷击导致起火从而引起的火灾，如地震、火山爆发、雷击和化学品自燃等。自燃现象是在物质内部形成的，往往不易被发现，所以常常酿成大的灾害。自然火灾比较少见，现实生活中的火灾，绝大多数是人为火灾，主要由以下几方面的原因引起。

1. 家庭用火不慎

人们在日常生活中离不开火，其中最多的是用火来做饭、取暖、照明等，使用中稍有不慎，都有可能引发火灾。例如，食用油过热着火；倒炉灰时不注意致使"死灰复燃"，从而引燃柴草等可燃物；野炊时，引燃树叶、枯草等造成山林火灾、草原火灾等。

因现在大部分家庭都使用煤气、液化石油气和天然气做饭、烧水，所以因生活用气引起的火灾也时有发生。其中，以使用液化石油气而引发的火灾居多，常见的是液化石油气罐减压阀漏气、气管老化漏气遇火源引起火灾。另外，还有自倒罐和乱倒残液遇到火源引起的火灾。

2. 用电不慎

因用电不慎引起的火灾也相当普遍，如电线老化漏电，乱拉乱接电线，用铜丝、铁丝代替保险丝等引起火灾；使用电暖炉、电热毯、电熨斗等不慎引起火灾；使用电视机、电冰箱、空调等家用电器缺乏安全常识，用电超负荷引起火灾；给电动车充电时，不规范用电引起火灾等。

3. 吸烟不慎

吸烟是常见的一种用火现象。人们吸烟时所使用的打火机或火柴等点火器具都是火源，另外，烟头虽是很小的火源，但是它能引起许多物质着火，尤其在加油站等地点，极易引起火灾甚至爆炸。

此外，吸烟是有害身体健康的行为，对身体尚处于发育期的青少年危害更大。

4. 照明不慎

随着时代的发展，大多数家庭都使用电灯照明，但当遇到停电时，人们也常用蜡烛照明。此外，个别地区办婚事、丧事等时也有点蜡烛的习俗。因此，烛火的妥善管理也是预防家庭火灾的重要手段。

5. 儿童玩火

儿童缺乏生活经验，出于好奇心玩火，很有可能因处理不当而引燃周围可燃物发生火灾。据统计，我国儿童玩火引起的火灾次数约占火灾总数的 10%，因此，家长要教育儿童不要玩火，这对减少火灾发生的次数及损失具有重要的作用。

6. 蚊香使用不慎

目前，我国许多家庭仍在使用蚊香进行驱蚊，一支小小的蚊香，点燃时焰心温度高达 700℃左右，稍有不慎就可能引起火灾。此外，很多家庭会使用液态电蚊香，若不注意使用时间，不及时断电，也容易引起火灾。

7. 燃放烟花爆竹不慎

我国每年春节期间火灾频发，其中大多数火灾是由燃放烟花爆竹所引起的。根据《烟花爆竹安全管理条例》要求，目前我国大部分城市和地区都已出台禁燃禁鞭规定，在允许燃放的部分地区，应该按照燃放说明燃放烟花爆竹，不得危害公共安全和人身、财产安全。

二、认识火灾的危害

随着现代化工业的发展、城市化进程的加快、国民经济的增长和国民收入的增加，火灾给社会带来的威胁越来越大。水火无情，火灾不仅会摧毁人类通过劳动创造的财富，而且会无情地吞噬许多人的生命，造成一幕幕人间悲剧。

1. 毁灭物质财富

火灾往往能使人们辛苦创造的物质财富化为灰烬，造成直接和间接的经济损失。

2. 造成人员伤亡

火灾会给人类的生命带来严重威胁和损害。现代社会，物质文明高度发达，人口相对集中，火灾一旦发生，造成的人员伤亡数量也会显著增加。

3. 破坏生态环境和社会环境

人类的生存离不开森林、草原、江河湖海，它们在调节气候、涵养水源、净化空气、维持生态平衡、保护人类生存环境等方面具有不可替代的作用。火灾会产生大量有毒有害气体，污染环境，毁坏资源，对生态环境的良性运行造成无法预测的影响。

同时，火灾的发生还会给人类造成精神创伤，影响社会和谐稳定。

三、校园发生火灾的原因

据相关资料，历年来校园发生火灾的原因大体可分为以下几种。

1. 使用明火不慎，引起火灾

（1）违规点蜡烛。

（2）违规点蚊香。

（3）违规烧废物。有的学生在宿舍内烧废纸等，若火源靠近蚊帐、衣被等可燃物，或火未彻底熄灭人就离开，则火星有可能飞溅到这些可燃物上引起火灾。

（4）违规吸烟。若点燃的烟头遇到易燃物，则可能引起火灾。

（5）树林草坪违规用火。秋冬季节气候干燥，在树林草坪中吸烟、玩火、野炊、烧荒，都可能引发火灾。

2. 电气火灾

（1）违规用电。违规乱拉、乱接电线，容易损伤线路绝缘层，引起线路短路和触电事故。

案例警示

2021年，某学生在宿舍内使用电热水壶，插上电源插头后，电源线拖在被子上，他离开了宿舍。过了一段时间，线路超负荷，电源线发热，绝缘层熔化，造成线路短路起火。

（2）使用电器不当。充电器长时间充电，如果被衣被覆盖，散热不良，就可能引起火灾。停电后再次供电时，若电器未妥善处置，也可能引起火灾。

案例警示

某学生在宿舍使用吹风机时突然停电，未拔电源插头，他就离开了宿舍。来电时他又没有在宿舍，导致吹风机长时间工作，最终引起火灾。

反观自我 》》》》》》》》》》》》》》》》

我们应该如何在日常学习与生活中避免火灾的危害？学完本课，谈谈你的启发。

_____

_____

_____

知识拓展

为什么不能乱拉电线？

所谓"乱拉电线"，是指不按照安全用电的有关规定，随便拖拉电线，任意增加用电设备。乱拉电线存在以下危险。

（1）电线拖在地上，可能会被硬的东西压破或砸破，损坏绝缘层。

（2）在易燃、易爆场所乱拉电线，缺乏防火、防爆措施，易引发火灾或爆炸。

（3）乱拉电线常常要避人耳目，操作不规范，装线往往不用可靠的线夹，而用铁钉钉或铁丝绑，结果磨破绝缘层，损坏电线。

（4）不看电线粗细，任意增加用电设备造成超负荷，使电线发热、起火等。

以上行为会造成线路短路、产生火花或发热起火，有的还会导致燃烧爆炸，甚至引发触电伤亡事故。

为了保证用电安全，防止乱拉电线，有关管理部门一般都有如下规定。

（1）用电要申请报装，线路设备装好后检验合格才可通电，临时线路要严格控制，由专人负责管理，用后拆除。

（2）采用合格的线路器材和用电设备。

（3）线路和设备要由专业电工安装，一定要符合有关安全规定。

学以致用

1. 结合身边的案例，说说火灾有哪些危害。
2. 看看下面这幅漫画，说说图中的人错在什么地方。

第二课

积极防范火灾

案例引入

2021年除夕夜，某学校男生宿舍内几个未回家过年的学生违反学校规定，擅自在宿舍内用液化石油气做饭。当春节联欢晚会开始时，他们都跑到对面房间看电视，未关闭灶具阀门，结果因时间过长，饭烧糊了，胶管也烧断了，火将灶具、床以及书籍引燃，幸亏楼内的其他学生嗅到气味，将火扑灭。事后，这几个学生受到学校的记过处分，后悔莫及。

知识探究

　　"预防为主，防消结合"是我国消防工作的方针，这一方针使防火与消火紧密结合，争取了同火灾做斗争的主动权。所谓"防"，就是防止、预防火灾；所谓"消"，就是消灭、扑灭火灾。消防工作就是预防火灾、扑灭火灾。预防火灾的发生、创造良好的消防安全环境是全民和全社会的事，涉及千家万户、各行各业，与每个人都有密切的关系。

一、学校防火

　　（1）禁止在学校使用烟花、爆竹、汽油等易燃、易爆物品（实验室除外）。

　　（2）实验室用的易燃、易爆物品，要有严格的使用、保管制度。

　　（3）学校要建立切实可行的消防制度，加强各部门，如锅炉房、食堂、库房的防火管理。

　　（4）学校应组织学生学习消防知识，让学生掌握消防器材的使用方法，熟悉火灾逃生路线，认识消防标志，掌握自救自护方法等。有条件的学校可以进行火灾逃离演习。

　　（5）学生宿舍不允许使用电暖炉等电热器具，严禁使用明火。

二、其他公共场所防火

　　公共场所大都人员密集、财产集中，需要一个安全的环境。为了防止火灾发生，应不携带易燃、易爆物品乘坐公共交通工具或进入公共场所；不随便乱动公共交通工具和公共场所中的电气设备；遵守公共秩序，不盲目参与与火有关的游戏活动。

三、山林防火

　　山林是国家和集体的宝贵财富，一旦发生火灾，损失巨大。造成山林火灾的因素主要有两种，一种是自然因素，另一种是人为因素，而且以人为因素居多。要防止山林火灾的发生，首先，要杜绝人为火种，严格遵守山林管理的规章制度，不在山林地区吸烟、野炊和举行篝火晚会等活动；其次，要采取一定的保障措施，可以在山林周围设置一定宽度的隔离带，防止因路人扔烟头等引起火灾；最后，还可以对山林内采伐后的剩余物进行清除，采伐后可能会有大量的剩余物堆放或散落在山林内，若不及时清除，极易引起火灾。

素养提升

元旦假期，森林消防员坚守防火执勤一线，守护万家灯火

2022 年 1 月 1 日，甘肃省森林消防总队平凉市森林消防支队在平凉市崆峒古镇开展防火宣传活动。

为做好元旦期间的森林防火工作，有效管控人为火源进山入林，最大限度降低火灾风险，应对森林防火工作可能面临的严峻考验，连日来，平凉市森林消防支队分别在甘肃省平凉市、庆阳市同步开展为期两天的"元旦专项防火行动"执勤活动。

执勤期间，森林消防员用通俗易懂的语言向群众阐述防止火灾、安全用火、火灾逃生和紧急避险等相关知识，同时通过装备展示、发放科普宣传用品、群众体验、携装巡护等方式帮助群众进一步了解森林防火和应急科普知识，提升了群众的防火意识，树立了森林消防队伍的良好形象。

新年伊始，在这个万家团圆的日子里，森林消防员依然坚守在守护森林的第一线，他们用实际行动彰显了当好党和人民"守夜人"的铮铮誓言！

反观自我 »»»»»»»»»»»»

我国消防工作的方针是"预防为主，防消结合"，谈谈你对这句话的理解。

_____

_____

_____

知识拓展

会拨"119"，及时把火灭

某校办工厂生产学生用的作业本，工厂内严禁烟火。有一次，一名工人不小心引燃了堆在门外的下脚料，纸张一下子就烧了起来。王老师和一名同学在校门口看到厂房里浓烟滚滚，迅速到旁边的收发室准备拨打火警电话。进去以后发现工厂的工作人员李大爷已经拨通了"119"，只听李大爷喊了一声"我们这儿着火了！"就慌慌张张地挂了电话。王老师又赶紧拿起电话重新拨通"119"，然后详细地告诉消防部门学校所在的位置。不一会儿，消防车迅速赶到，及时扑灭大火，没有造成巨大的损失。

如果你发现有地方发生火灾，那么一定要照以下方法去做：

（1）快速拨打火警电话；

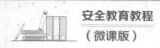

（2）告诉消防部门起火的详细地址。

请你记住：

遇见火灾要冷静，快拨电话报火警；

匆忙之中莫忘记，详细地址要说清。

学以致用

联系日常生活中听到或看到的一些火灾事故，想一想为什么校园火灾屡屡发生，我们应该怎样防范校园火灾的发生。

第三课

了解消防器材的配置和使用

案例引入

住在失火宿舍隔壁房间的小钟正在睡梦中，忽然被呼喊声惊醒。她睡眼蒙眬地走出门外，只见隔壁的4名女生站在门外哭喊着："宿舍着火了，快来帮忙灭火！"小钟立刻返回宿舍，叫醒室友，拿起一个盆子往水房里冲，只见里面已经有十几个人在接水。小钟和同学们端着一盆盆水就往起火的宿舍里浇。等小钟端着盆子跑第三趟时，已被浇小的火突然大了起来。"我们没有想到对面宿舍的门一开，形成对流，火一下子就大了起来。可惜我们不会用消防器材。"一名女生说。

知识探究

火灾发生初期，火势较小，如果能正确使用消防器材进行灭火，那么就能将火灾消灭在初期，不至于使小火酿成大灾，从而避免重大损失。

通常用于扑灭初期火灾的灭火器类型较多，各种灭火器内装的灭火药剂对不同火灾的灭火效果不尽相同，所以必须熟练地掌握各种灭火器的使用条件。灭火时必须针对火灾燃烧物质的性质选择灭火器，否则不但灭不了火，还可能引发爆炸。

灭火器按移动方式可分为手提式灭火器和推车式灭火器。

一、手提式灭火器

常见的手提式灭火器有手提式二氧化碳灭火器、手提式干粉灭火器和手提式泡沫灭火器。

1. 手提式二氧化碳灭火器

二氧化碳的密度较高，约为空气的 1.5 倍。在常压下，液态的二氧化碳会立即汽化，一般 1 千克的液态二氧化碳可产生约 0.5 立方米的气体。因此，灭火时，二氧化碳气体可以排除空气而密布于燃烧物体的周围或分布于较密闭的空间中，降低可燃物周围或防护空间内的氧浓度，产生窒息作用而灭火。另外，二氧化碳从储存容器中喷出时，会由液体迅速汽化成气体，并从周围吸收部分热量，起到冷却的作用。

手提式二氧化碳灭火器（见图 1）适用于扑救贵重设备、档案资料、600 伏以下的仪器引发的火灾。手提式二氧化碳灭火器有两种，即手轮式和鸭嘴式，其使用方式如下。

手轮式：一只手握住喷筒把手，另一只手撕掉铅封，将手轮按逆时针方向旋转，打开开关，二氧化碳气体即会喷出。

鸭嘴式：一只手握住喷筒把手，另一只手先拔掉塑料扎绳，然后拔去保险销，随后握住喷嘴，对准火焰，将扶把上的鸭嘴压下，二氧化碳气体即会喷出。

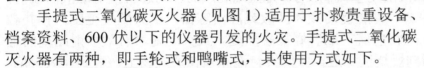

图 1　手提式二氧化碳灭火器

2. 手提式干粉灭火器

干粉灭火剂是由具有灭火效能的无机盐和少量的添加剂经干燥、粉碎、混合而成的微细固体粉末。除扑救金属火灾的专用干粉化学灭火剂外，干粉灭火剂一般分为 BC 干粉灭火剂和 ABC 干粉灭火剂两大类。BC 干粉灭火剂主要成分是碳酸氢钠，通常用于扑灭易燃液体与电器的火；BC 干粉灭火器主要成分是磷酸铵盐，通常用于扑灭易燃液体与电器的火，还可用于固体易燃物引起的火灾。它们主要通过在加压气体作用下喷出的粉雾与火焰接触、混合时发生的物理、化学作用灭火。

使用手提式干粉灭火器（见图 2）灭火时，应在距燃烧处 5 米左右喷射。如在室外，应选择在上风方向喷射，当干粉喷出后，迅速将灭火器对准火焰的根部扫射。使用手提式干粉灭火器扑灭可燃、易燃液体火焰时，应对准火焰腰部扫射，如果液体火焰呈流淌燃烧状态，应对准火焰根部由近及远并左右扫射，直至把火焰全部扑灭。如果可燃液体在容器内燃烧，应使用手提式干粉灭火器对准火焰根部左右晃动扫射，使喷射出的干粉流覆盖整个容器开口表面；当火焰被赶出容器时，仍应继续喷射，直至将火焰全部扑灭。

图 2　手提式干粉灭火器

3. 手提式泡沫灭火器

手提式泡沫灭火器（见图3）适宜扑救油类及一般物质引发的火灾，使用时，可手提灭火器筒体上部的提环，平稳迅速地奔赴火场。这时应注意不得使灭火器过分倾斜，更不可横拿或颠倒灭火器，以免灭火器内的两种药剂混合而提前喷出。当距离着火点10米左右时，即可将筒体颠倒过来，一只手紧握提环，另一只手扶住筒体的底圈，将射流对准燃烧物。在扑救可燃液体火灾时，若火焰已呈流淌状燃烧，则应将泡沫由远及近喷射，使泡沫完全覆盖在燃烧液面上；若可燃液体在容器内燃烧，则应将泡沫射向容器的内壁，使泡沫沿着内壁流淌，逐步覆盖燃烧液面。切忌直接对准液面喷射，以免由于射流的冲击，将燃烧的液体冲散或冲出容器，扩大燃烧范围。在扑救固体物质火灾时，应将射流对准燃烧最猛烈处。灭火时随着有效喷射距离的缩短，使用者应逐渐向燃烧区靠近，并始终将泡沫喷在燃烧物上，直到扑灭火焰。使用时，灭火器应始终保持倒置状态，否则喷射会中断。

图3　手提式泡沫灭火器

手提式泡沫灭火器应存放在干燥、阴凉、通风且取用方便之处，不可靠近高温或可能受到暴晒的地方，以防止碳酸分解而失效；冬季要对其采取防冻措施，以防冻结；应经常为其擦除灰尘、疏通喷嘴，使之保持通畅。

二、推车式灭火器

常见的推车式灭火器有推车式二氧化碳灭火器，推车式干粉灭火器，推车式泡沫灭火器等。

1. 推车式二氧化碳灭火器

使用推车式二氧化碳灭火器（见图4）灭火时，一般由两人合作操作，先将灭火器推或拉到火场，在距离着火点10米左右处停下，一人快速放开喷射软管，紧握喷枪，对准燃烧处；另一人则快速打开灭火器阀门。

2. 推车式干粉灭火器

使用推车式干粉灭火器（见图5）灭火时，一般由两人合作操作，先将灭火器推或拉到火场，在距离着火点10米左右处停下，由一人取下喷枪，打开喷管处阀门；另一人拔出保险销，并向上提起手柄，将手柄扳到正朝上位置，再对准火焰根部，扫射推进。喷射时应注意死角，防止发生复燃。

图4　推车式二氧化碳灭火器

3. 推车式泡沫灭火器

使用推车式泡沫灭火器（见图6）灭火时，一般由两人合作操作，先将灭火器迅速推或拉到火场，在距离着火点10米左右处停下，由一人施放喷射软管后，双手紧握喷枪并对准燃烧处；另一人则先沿逆时针方向转动手轮，将螺杆升到最高位置，使盖子完全打开，然后使筒体向后倾倒，使拉杆触地，并将阀门手柄旋转90度，喷射泡沫进行灭火。如阀门装在喷枪处，则由负责操作喷枪者打开阀门。

推车式泡沫灭火器灭火的使用注意事项与手提式泡沫灭火器的基本相同。推车式泡沫灭火器的喷射距离远，连续喷射时间长，可以充分发挥优势，用来扑救较大面积的储槽或油罐车等处的火灾。

图5 推车式干粉灭火器

图6 推车式泡沫灭火器

反观自我 》》》》》》》》》》》》》》

针对不同类型的火灾，应如何选用灭火器？学完本课，你有什么启发？

_____

_____

_____

知识拓展

火灾分类

按照可燃物的类型、燃烧特性、标准化的方法以及国家标准《火灾分类》的规定，火灾分为A、B、C、D、E、F类6类。

A类火灾：固体物质火灾。这种物质通常具有有机物质，一般在燃烧时能产生灼热的余烬。

B类火灾：液体或可熔化的固体物质火灾。

C类火灾：气体火灾。

D类火灾：金属火灾。

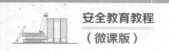

E 类火灾：带电火灾，即物体带电燃烧的火灾。

F 类火灾：烹饪器具内的烹饪物（如动植物油脂）火灾。

泡沫灭火器一般能扑救 A 类、B 类、F 类火灾；当电器发生火灾，电源被切断后，也可使用泡沫灭火器进行扑救。干粉灭火器和二氧化碳灭火器则适用于扑救 B 类、C 类火灾。D 类火灾则可使用专门扑救可燃金属火灾的干粉灭火器进行扑救。卤代烷灭火器主要用于扑救易燃液体、带电电气设备、精密仪器以及机房的火灾，这种灭火器内装的灭火剂没有腐蚀性，灭火后不留痕迹，效果也较好。E 类火灾可使用专门扑救带电火灾的二氧化碳灭火器。

学以致用

你知道哪些常见的灭火器？它们分别应该如何使用？

第四课

学会火场逃生

案例引入

湖南省某酒店发生特大火灾，死亡 12 人，伤 12 人，直接经济损失达 79 万元。12 名遇难者中，3 人当场被大火烧死，3 人因一氧化碳中毒窒息死亡，还有 6 人因跳楼后颅脑损伤而亡，其中年龄最大的 51 岁，最小的不到 20 岁。

在大火中，也有人将窗帘连接起来拴在空调架上后再往下滑，死里逃生。

知识探究

一、火场逃生应遵循的原则

火灾的发展和蔓延非常迅速，常常超乎人们的想象，所以初期灭火行动往往无法持续较长时间。研究发现，起火后的 3 分钟内的灭火行动最有效。但是，如果发现火焰已蹿至天花板，或者是在不熟悉的场所遇到火灾，应立即逃离火场。在逃生时，应遵循下列原则。

1. 保持冷静，不要恐慌

火灾现场温度高得惊人，大量的烟雾又会挡住人的视线、刺激人的器官（特别是眼睛和鼻子），容易让人感到恐慌。此时更需要保持冷静，要知道"时间就是生命"，只有沉着冷静，才能想出好的逃生方法，尽快脱离险境。

微课

火场逃生的
原则

2. 积极寻找出口，切忌乱闯乱撞

现在的建筑物内一般都有比较明显的出口标志。例如，公共场所墙壁、顶棚、转弯处设置的"紧急出口""安全通道""安全出口"等标志，表示逃生方向的箭头、事故照明灯、事故照明标志等，都可以引导人们找到逃生路径，撤离火场。

3. 舍财保命，迅速撤离

火灾发生后，应该迅速撤离现场，切忌贪恋钱财和其他私有物品。这些东西只会给逃生带来负担，延误逃生时机。

在火场中，人的生命是最重要的，切忌把宝贵的逃生时间浪费在穿衣或寻找、携带贵重物品上。已经逃离险境的人员切莫重返险地。曾经发生的火灾中，就有人为了回着火的房间取钱包而没能再次逃出来。

4. 注意防烟，切莫哭叫

大量的火灾案例证明，烟气是火场上的第一"杀手"。烟气中含有大量的一氧化碳等有毒气体，严重威胁人的生命，同时，火灾发生时特有的高温和缺氧状态等会使人处于更加危险的境地。逃生过程中可以采取下面几种有效的防烟措施。

（1）用湿毛巾或者湿口罩捂住口鼻。实验证明，折叠为 16 层的湿毛巾，除烟率为 90%；折叠为 8 层的湿毛巾，除烟率为 60%。

（2）如果没有毛巾，可用身边的手帕、手套、领带、衣服等其他物品代替，将其浸湿，捂住口鼻。如果身边没有任何水可用，在紧急情况下，可以用尿液代替。

（3）若距离较短，可以屏住呼吸，一口气跑出去。

（4）在烟气中穿行时，应尽量降低身体高度。如果烟气很浓，则应爬着出去。

（5）不要往起火点上层方向逃生，因为烟气垂直蔓延的速度是人逃生移动速度的 3 ～ 4 倍，这样容易将自己置于后无退路、前无生路的"绝地"。

（6）新鲜空气容易聚集在靠墙的地方，所以逃生时应降低身体高度沿着墙壁爬行，这样容易辨清方向，有利于逃生。同时，楼梯台阶之间的拐角处也可能有残留的空气，所以逃生时应脚朝下，倒着向下爬，途中可将脸贴近台阶拐角处呼吸。

（7）切莫哭叫。因为哭叫会增加有毒气体的吸入量，大大增加中毒的风险。

除了这些简单有效的方法，还可以将棉被或较厚的衣物淋湿后披在身上。

5. 互相救助，有序疏散

互相救助是指处于火灾困境中的人员积极互助，以脱离险境的行为。在火场，如果无组织、无领导，被困人员由于恐慌，极易表现出盲目乱跑、互相拥挤甚至踩踏等行为，不利于逃生。因此，在火场中，被困人员应采取自觉自愿的救助行为，使大家有组织、有秩序地快速撤离火场。例如，当火灾发生时高喊"着火了"或敲门提醒他人，年轻力壮和有行为能力的人在保证自身安全的情况下应积极救人、灭火，帮助弱者及受火势威胁最大的人员逃离火场，避免混乱现象的发生。

6. 谨慎跳楼，减轻伤亡

在万不得已的情况下，楼层较低（3 层以下）的居民可以采取跳楼的方法逃生。即便跳楼也应把握技巧，如抱一些棉被、沙发坐垫等松软物品，然后手扒窗台，身体下垂，头上脚下自然下落，以此缩短身体与地面的距离。根据周围的地形，选择平台、树木、沙土地、水池河畔等地或者打开大雨伞跳下，以减缓冲击力，减轻对身体造成的伤害。徒手跳时要用双手抱紧自己的头部，身体蜷成一团，这样可以减轻对头部的伤害。

7. 起火不能搭乘电梯

高层建筑一般设有供人上下楼的电梯，但是在发生火灾时，千万不能搭乘电梯逃生。

（1）电梯井直通大楼各层，发生火灾时，烟、热气、火容易涌入，烟的毒性或火的熏烤可危害人的生命。

（2）在高温下，电梯会失控甚至变形，乘客易被困在里面，生命安全得不到保障。灭火时，水容易流到电梯内使人触电。

（3）发生火灾时，楼内电气线路可能被烧毁或断电，电梯可能会停在楼层中间，乘客被困在电梯内很难逃脱，外面的人也不好营救。

二、在火场无路可逃时怎样避难

避难是在火场无路可逃时的行为，具体有以下两种方式。

1. 利用避难间

在综合性多功能的大型建筑物内，经常使用的电梯、楼梯、公共厕所附近以及走廊末端通常都会设置避难间。发生火灾时，短时间内无法疏散到地面的人员以及在火灾期间不容中断工作的人员，如医护人员，广播、通信工作人员等，可暂时疏散到避难间。

2. 创造避难间

当建筑物内没有避难间或逃生之路已被烟火封锁时，应创造避难间。例如，如果房间中的烟雾不大，那么就迅速关闭所有的门窗，然后用湿毛巾等将所有的孔洞堵死，最后向地面洒水降温，并尽量将房间中的可燃物淋湿，以此创造一个临时避难间。

三、发生火灾如何报警

如果发生火灾，最重要的是报警，这样才能及时通知消防人员进行扑救，控制火势，减少火灾造成的损失。因此，我们要学会报警。

（1）火警电话号码是"119"。发现火灾，可以直接打电话报警。

（2）报警时，要向消防部门讲清失火的单位或地点，讲清所处的区（县）、街道、胡同、门牌号码，还要尽量讲清是什么物品失火，火势大小。

（3）报警后，最好安排人员到附近的路口等候消防车，指引通往火场的道路。

（4）在没有电话的情况下，应大声呼喊或采取其他方法引起其他人员的注意，使其协助灭火或报警。

四、校园火灾的扑救方法

每个人都应该掌握逃生和火灾扑救的基本常识，虽不提倡未成年学生直接参与火灾扑救，但对突然发生的比较轻微的火情，同学们也应掌握简便易行的应对紧急情况的方法。

（1）水是最常用的灭火剂，木头、纸张、棉布等起火，可以直接用水扑灭。

（2）用土、沙子、浸湿的棉被或毛毯等迅速覆盖在起火处，可以有效地灭火。

（3）用扫帚、拖把等扑打，也能扑灭小火。

（4）油类、酒精等起火时，不可用水扑救，可用沙土或浸湿的棉被迅速覆盖。

（5）煤气起火，可用湿毛巾盖住火点，迅速切断气源。

（6）电器起火，不可用水扑救，也不可用潮湿的物品覆盖。正确的做法是先切断电源，再灭火。

（7）学习一些简易灭火器的使用方法。

反观自我 »»»»»»»»»»

学完本课，我们了解了许多火场逃生的原则、方法。想一想，如果自己遇到火灾应该怎么办？

_____

_____

_____

知识拓展

火灾中致人死亡的原因

火灾中致人死亡的原因，除特殊情况外，主要有以下4种。

（1）吸入有毒气体（特别是一氧化碳）。火灾中，一般认为毒性最大的气体是一氧化碳。

（2）缺氧。由于燃烧，氧气被消耗，因此火灾中环境可能呈低氧状态。吸入烟后更会造成缺氧，甚至可致人死亡。

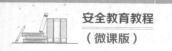

（3）烧伤。火焰或热气流大面积损伤皮肤，引起各种并发症而致人死亡。

（4）吸入热气。人如果在火灾中受到火焰的直接烘烤，就会吸入高温的热气，引发气管炎症和肺水肿等而窒息死亡。

▶ 学以致用 ▶

怎样做才能在火灾中逃生？

第五课

注意宿舍用电安全

案例引入

宿舍是学生学习、生活的重要场所，同时也是易引发事故的"重灾区"。学生应提高安全责任意识，注意宿舍用电安全，切实保障人身及财物安全，避免安全事故的发生。

知识探究

一、宿舍失火的原因

宿舍失火的原因主要有以下几方面。

（1）不注意用电安全，在宿舍乱拉电线、擅自使用大功率电器、违规电器、不达标电器，致使电线过载，进而发热起火。

（2）将充电器、接线板等放在枕头下或被褥中，电器长时间不断电导致火灾。

（3）在宿舍擅自使用煤炉、液化炉、酒精炉等引发火灾。

（4）在宿舍乱丢烟头、焚烧杂物、玩火等引发火灾。

二、宿舍安全用电常识

（1）了解宿舍电源总开关、线路布局、限电负荷等情况，遵守用电规章。

（2）严禁用手或导电物去接触、试探电源插座内部。

（3）电器使用完毕后应正确拔掉电源插头。为了保护绝缘层，不要用力拉拽电线。

（4）发现断落的电线不要用手直接去拾，发现有人触电，要设法及时切断电源或用绝缘物将触电者与带电的电器分开，并向宿舍管理人员求救。

（5）用电线路及电气设备必须保证绝缘良好，灯头、插座、开关、接线板等带电部分绝对不能外露。

（6）不要站在潮湿的地面上移动带电物体，不用湿手摸或用潮湿的抹布擦拭带电的电器，以防触电。

（7）在宿舍无人的情况下必须切断所有电源，做到人走灯灭、人走电断。

（8）严禁在宿舍内更改、拆卸、安装用电线路、插座、插头等，也不要把铁钉等硬物凿入墙面，以防发生电线短路使人触电等意外事故。

（9）使用的插座、电线、电器等必须符合安全质量标准，电器安装应符合有关规范。

（10）严禁在宿舍、走廊和卫生间等宿舍区内私自拉接电线。

三、宿舍用电注意事项

（1）在使用电器的过程中，若发现有冒烟、冒火花、发出焦煳的异味等情况，应立即关掉电源开关，停止使用。

（2）遇到雷雨天气，要停止使用电器，并拔下电源插头，防止遭受雷击。

（3）使用计算机、电风扇、充电器等用电设备或器材时，要通风、防水、防潮并远离易燃物。

（4）电器使用时间过长会造成险情，使用时要注意让电器适当断电休息，使用完要及时切断电源。若遇到停电，则要拔掉电器插头。

（5）充电器等长期搁置不用，容易因受潮、受腐蚀而损坏，重新使用前需要认真检查，充电过程中要有人在场。

（6）台灯等灯具的放置位置要安全，不要在灯罩上或其附近放置易燃物品，不要让水珠溅到高热的灯泡上。

（7）手机充电时间过长或边充电边使用手机，可能导致手机机身发热，引发燃烧或爆炸事故。

（8）固定式插座只能接一个移动式插座，严禁多个互接；移动式插座必须放在安全的地方，不得靠近被褥、衣服、书本等易燃物品。

（9）当宿舍的公用电器发生故障时，应按程序报有关部门维修，自备电器应由专业人员在断电的情况下进行维修，严禁私自操作。

（10）各种电器用途不同，使用方法也不同，使用前请仔细阅读使用说明书，按照使用说明书安全使用。

反观自我 »»»»»»»»»»»»»

通过学习这一课，你认为宿舍用电需要注意哪些事项？

_____

_____

_____

知识拓展

消防安全警示标志

名称	禁止烟火	禁止吸烟	禁止放置易燃物
标志			
名称	禁止用水灭火	禁止燃放鞭炮	当心易燃物
标志			
名称	火警电话	手提式灭火器	安全出口
标志			

学以致用

1. 发生电器引发的火灾时应如何自救？
2. 宿舍发生电器火灾险情时，应通知哪些人？

◆◆◆ 素质拓展 ◆◆◆

青春之躯撑起民族脊梁，英雄事迹凝聚奋进力量

"忠烈光辉齐日月，伏火身影耀星河。" 2019 年 4 月 5 日 16：50，临沂市罗庄区革命烈士陵园迎来了年轻的烈士赵永一。

陵园广场庄严肃穆，上百条白底黑字的横幅、道路两侧林立的花圈、送葬群众手中的一簇簇菊花，寄托着人们对赵永一的哀思。

临沂城区向南，沂河畔边的罗庄区高都街道车辋村，是沂蒙红色文化的发祥地之一。车辋村全村共有2864人，其中退伍军人100多名，占全村人口的4%。

1999年12月，赵永一出生于这里。他的父亲平时打零工，母亲在一个单位食堂上班。他从小就明白父母的艰辛，表现出异于同龄孩子的懂事和成熟。"从不让父母操心，知道爸妈干活忙，他就在家做饭、洗衣服。"村民赵永利说。

受红色精神的影响，赵永一从小就有一个军旅梦。"《士兵突击》他看了不下10遍，他也想像许三多一样当一个好士兵。"发小赵浩杰回忆说。

2017年9月，赵永一如愿成为西昌森林消防大队的一名消防员。赵永一的微信签名写着：青春有很多样子，很庆幸我的青春有穿军装的样子。

因为身穿军装，所以转身逆行。"在我看来，赵永一不是在救火，就是在去救火的路上。"发小孙明琛告诉记者，赵永一经常给他们发一些自己救火的视频，救火归来后手指甲里都是灰，洗也洗不掉。"今年大年初一，他执行任务，去火场救火，连饺子都没来得及吃。"

尽管又苦又累，但赵永一从未说过任何放弃的话。"他就是喜欢当兵，希望能尽快入党。"好友杨明明说。杨明明是最后见到赵永一的朋友，2019年2月，杨明明和妻子到四川看望赵永一，3人一起吃饭时，赵永一再次提出想入党。"我跟他说，你这么能干，入党是迟早的事。没想到他的心愿竟以这样一种方式实现了。"

2019年3月31日1:05，杨明明在发小群里收到赵永一的留言："又出任务了。"2019年4月2日，杨明明才知道赵永一所说的任务就是扑救发生于四川凉山木里县的森林火灾。

"以往每次执行完任务，他都会在群里留言，跟大家报个平安，有时候还会录制一段救援任务结束的小视频。"杨明明说，但从此，大家再也收不到他报平安的消息了。

从入伍以来，赵永一一直没来得及休假探亲，也没来得及亲口向父母讲一讲在消防岗位上的经历。

车辋村90岁的颜振生老人是名退伍军人，得知赵永一牺牲的消息后无比悲痛。"我出生在炮火连天的年代，不得不冲锋陷阵保家卫国。20岁的赵永一出生在和平年代，在凉山的大火无情蔓延时，也能义无反顾冲进火海。"颜振生说，70岁的年龄差，隔断的是时间，隔不断的是烙在两代人血脉中的红色印记。

（资料来源：《大众日报》，有删改）

讨论：
1. 结合材料分析赵永一的哪些高尚品质值得我们学习。
2. 颜振生老人所说的"红色印记"在文章中哪些地方可以体现出来？

交通篇

遵守交通规则，争做文明标兵

人们在享受交通高速发展带来的方便、快捷的同时，不得不面对交通事故带来的困扰。在交通事故造成的伤亡对象中，青少年占了很大的比重，交通事故是造成青少年意外伤害的最危险的因素之一。

　　避免交通事故，维护交通安全，不仅是交通管理部门的事，也是每个人的事。因此，青少年更应该自觉遵守交通法规，文明行车、行路，确保交通安全。

学习目标

　　1. 掌握道路交通安全须知，树立安全意识。
　　2. 自觉接受安全教育、道德教育和纪律教育，养成自觉遵守交通法规的良好习惯。

第一课

维护校园交通安全

案例引入

　　某学校一女生李某打着雨伞跑步回宿舍，在经过一个十字路口时，一辆大巴车正好开了过来，大巴车司机看到有人冲向路口，急转方向盘，但车尾仍把李某撞飞，经过几十个小时的抢救，李某仍不治身亡。

　　校园内，私家车、摩托车、自行车很普遍，人流量也很多。而部分校园较多道路比较狭窄，交叉路口没有信号灯，也没有专职交通管理人员管理；校园内人员居住集中，上、下课时容易形成人流高峰，致使校园内的交通环境日益复杂。同时，一些学生缺乏社会生活经验，交通安全意识比较淡薄，有的学生觉得在校园内骑车和行走肯定比在校外道路上安全，容易放松警惕。

校园内发生交通事故的主要原因有以下几种。

（1）注意力不集中。学生在走路时看书或看手机，或者左顾右盼、心不在焉。

（2）在道路上进行体育运动。学生精力旺盛、活泼好动，有的在路上行走时也蹦蹦跳跳、嬉戏打闹，甚至有时还在道路上进行体育运动，增加了交通事故发生的概率。

（3）骑"飞车"。许多学生购买了自行车，课间或下课时骑自行车在道路上穿行，节约了来往的时间，但部分学生骑车速度很快，埋下了安全隐患。

反观自我　>>>>>>>>>>>>>>>>>

有些人都认为校园内没有交通危险，你认为是这样的吗？如果不是，应该怎样加强这方面的宣传、教育？

_____

_____

_____

知识拓展

如何避免校园交通事故

（1）切莫错误地认为校内无交通危险，要树立交通安全观念，时时提高警惕。

（2）熟悉校内路线、地形，记住容易出交通事故的地段。

（3）走路留神，见到各种车辆提前避让，防止那些认为"校内可以不讲交通规则"的人意外肇事。

（4）骑车、驾车要低速慢行，复杂地段更要缓慢通过。

学以致用　◀◀◀◀◀◀◀

校园交通事故的主要形式有哪些？

第二课

预防交通事故

案例引入

某日凌晨，陕西省某高速公路服务区附近发生一起特大交通事故，一辆满载旅客的双层卧铺客车与一辆运送甲醇的重型罐车发生追尾碰撞，随后燃起的大火导致客车上 36 人死亡，3 人受伤。

知识探究

100 多年来，全世界葬身于车轮之下的人不计其数。因此，人们称交通事故是马路上的"战争"。

一、交通事故的含义

交通事故是道路交通事故的简称。道路交通事故是指车辆驾驶员、行人、乘车人以及其他在道路上进行与交通有关活动的人员，因违反《道路交通安全法》和其他道路交通管理法规、规章或过失造成人身伤亡或者财产损失的事故。

二、交通事故的特征

交通事故的发生不分时间、不分地点，从交通事故发生的情况来看，交通事故有以下特征。

1. 交通事故具有突发性

无论对交通事故的一方、双方、多方来说，还是对他们的亲属及工作单位来说，事故都是突发的，毫无思想准备，特别是给亲属造成的突如其来的打击、伤害极大。

2. 交通事故涉及面广

在交通事故中每死伤 1 人，一般都直接或间接地会给 5～6 个家庭带来创伤。

3. 交通事故具有极强的社会性

无论什么人，只要有交通活动，就存在死伤于交通事故的可能性。

微课

交通事故的
特征与原因

4. 交通事故险情具有频发性

每个驾驶人员每天可能遇到许多险情，如果对险情处理不当，就有可能发生交通事故。

三、交通事故发生的一般原因

1. 驾驶人员违章驾驶或精神不集中

驾驶人员违章驾驶常常是造成交通事故的主要原因，如在不应该或不允许超车的地方强行超车、超车不提前鸣笛、前车尚未示意让路就超车等。

行车过程中精神不集中也是造成交通事故的重要原因，如因家庭、工作等不顺心而思虑，因受某种刺激而过度兴奋或沮丧，在行车时吸烟、吃东西、与坐车的人谈笑或听收音机，因对道路较熟而麻痹大意等，都可能使驾驶人员精力分散，从而造成交通事故。

2. 酒精及药物对驾驶能力的影响

（1）酒精对驾驶能力的影响。酒精会使大脑高级神经紊乱，从而破坏人的正常生理机能，所以酒后驾车所造成的交通事故在世界各国（地区）都占有相当比重。我国交通法规中明确规定严禁酒后驾车。

（2）药物对驾驶能力的影响。有些药物对中枢神经系统有直接作用，从而使人体产生各种反应，如困倦、嗜睡、昏迷等，以致影响驾驶能力。例如，有的驾驶人员由于失眠而深夜服用安眠药，第二天又要早起驾车，药物的作用还未消失，致使驾车途中精神不佳、犯困打盹，很容易造成交通事故。又如，有的驾驶人员因疾病或其他原因而服用一些对神经系统有麻醉作用的药品，也可能影响驾驶能力。

■ 素养提升 ■

亳州市交警走进市黉学中学开展"交通安全开学第一课"活动

2022年2月16日上午10点，亳州市交警一大队汤王中队走进市黉学中学，为学生们开展了"交通安全开学第一课"活动。

中队长刘振带领民辅警，将交通安全宣传车开进校园操场，为该校学生讲解交通安全常识，带领学生认识常见的交通信号牌，引导学生了解并体验机动车视野盲区，开展"一盔一带"主题交通安全示范课。刘振以案说法，通过图文、视频方式进行现场宣讲，为学生们讲解交通安全知识及注意事项，示范正确佩戴头盔的方法，呼吁在座的学生们在出行途中要正确佩戴头盔，按规定系好安全带。学生们不仅听得认真，互动得也十分积极，全场掀起了学习交通安全知识的浪潮。

此次"交通安全开学第一课"活动，将交通安全意识深植在学生们心中，种下了安全、文明出行的"种子"，为创建文明城市打下了基础。

3. 车辆技术性能不好

车辆的技术性能主要指车辆的结构、性能、强度等。经常出现故障的关键系统主要有制动系统和转向系统，这些关键系统如果出现故障，常常会造成交通事故。

4. 视野盲区

所谓视野盲区，是指在视野范围内，因障碍物而看不到的地方。在以往发生的交通事故中，有一部分是因驾驶人员与行人未警惕视野盲区而发生的。

5. 道路状况不良或缺少道路安全措施

道路状况不良是导致交通事故的潜在原因。道路状况主要指道路的线形、道路转弯半径、道路的坡度和路面宽度、路基和路面等。

道路安全措施主要有交通标志、信号灯、路面标线、照明、安全岛、安全护栏、隔离栅栏等。在急弯、窄路、陡坡、交叉路口和铁路道口等处应设置警告标志，在禁止超车处、禁止掉头处、禁止鸣笛处等应有相应的禁令标志。在限重、限速、限高、限宽处应有明确的限令标志。应有的交通标志和设施没有或不全，容易造成交通事故。

6. 自然条件和其他因素的影响

风、雪、雾等恶劣气候条件致使道路状况恶化、视线不良等，也容易造成交通事故。在遇到较为严重的自然灾害，如地震、洪水、暴风雨等时，车辆失去控制，更容易造成交通事故。另外，行人和驾驶非机动车辆的人不遵守交通规则也是造成交通事故的重要原因。

在行车过程中，意外事故也时常发生，如听力障碍者听不到鸣笛声而不知让路，有精神障碍的人突然奔向车前等，这都可能造成交通事故。

四、交通事故自救常识

如果你乘坐的汽车发生交通事故，则应迅速抓住车内固定牢靠的物体趴下，或在座位上尽量低下头，使下巴紧贴前胸，并把双手后伸、交叉抱住头部，以避免事故发生时自己的头部和颈部因猛烈撞击而受伤；若遇到翻车或坠车时，则应迅速蹲下，紧紧抓住前排座位的座脚，身体尽量固定在两排座位间，随车翻转。

当被汽车剐倒、撞倒后，千万不要乱动；如果有创伤出血发生，则应立即用洁净的布、手绢或卫生纸等压住伤口包扎止血；如果骨折，则不要盲目移动；当行人、医务人员赶来时，要及时告知自己可能受伤的部位，以免在搬抬过程中使受伤部位伤情加重。遇到救助人员时，自己如果意识清醒，则应告诉对方自己的姓名、所在学校、家长姓名、家长的联系电话等。

无论自我感觉多好，出了交通事故后，都一定要及时到医院检查。有的青少年在交通事故中被碰伤了，主观上感觉问题不大，就不去医院检查，这是不正确的。因为，一方面，人的耐受力不同，有的人即使产生线状裂纹骨折，痛感也不强，故认为问题不大；另一方面，对于事故中的有些损伤，如脑血肿，一开始人体只有轻微的感觉，随着时间的推移，症状会逐渐加重，个体甚至

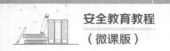
会因脑疝而死亡。因此，在交通事故中受伤之后，应该及时去医院做系统的体检，以免延误治疗的最佳时机。

反观自我 ⟩⟩⟩⟩⟩⟩⟩⟩⟩⟩⟩⟩⟩⟩⟩⟩

结合身边的案例，说说交通事故有哪些危害。

_____

_____

_____

知识拓展

如何识别交通标志

交通标志是用形状、文字、符号和颜色等，按照国家规定的标准制成的指示牌，立于相关位置为机动车驾驶员和行人指示有关交通信息，旨在加强交通管理，确保交通安全。交通标志分为指示标志、警告标志、禁令标志、指路标志、旅游区标志、道路施工标志和辅助标志等。

交通标志属于安全色标之一，与颜色关系密切，因为交通标志中的颜色具有安全技术的含义，交通标志正是利用颜色的不同特征，表达禁止、警告、指令和提示等不同含义的安全信息。我国在制定交通标志时使用的安全色标准与国际上是一致的，交通标志以红、黄、蓝、绿4种颜色分别表达禁止、警告、指令和提示的意思。

◄ 学以致用 ▶

1. 什么是交通事故？它有哪些特征？
2. 如果遇到交通事故，我们应如何自救？

第三课

学会安全行走

案例引入

某天俞某驾驶大客车自东向西行驶至某医院附近时，仲某由南向北从大客车的车头前快速跑步横穿马路（距此不远处的广场就有

人行横道），俞某发现后紧急制动，但还是将仲某撞出去七八米远。仲某经医院抢救无效死亡。

知识探究

走路是基本的交通活动。从家到学校，从校内到校外，其间的交通安全涉及学生的健康及家庭的安宁与幸福。

行人交通事故预防的要点如下。

（1）行人上街要走人行道，不要走车行道，要遵守车辆、行人各行其道的规定；借道通行时，应当让在其本道内行驶的车辆或行人优先通行。

（2）行人通过装有信号灯的人行横道时，必须遵守信号灯的相关规定：绿灯亮时，准许行人通过；黄灯（或绿灯）闪烁时，不准行人进入人行横道，但已进入人行横道的，可以继续通行；红灯亮时，不准进入人行横道。

注意：即使信号灯已经变成绿色，也应看清左右的车辆是否停稳，确认其停稳后再通过。

（3）横过街道和公路要走人行横道，不要斜穿或猛跑。

① 行人横过街道和公路时，应站立在路边，看清来往车辆后，选择离自己最近的人行横道通过。通过时，须先看左右方向是否有来车，确认来车距离远、无危险后才能通过。

② 行人横过公路时，不要突然改变行走路线、突然猛跑、突然往后退，以防来往车辆驾驶员措手不及，发生危险。

③ 横过同方向有两条以上机动车道的公路时，要十分注意驶进或停下的车辆旁边是否还有车辆驶来，没有看清时不要冒险行走。

④ 横过未设人行横道的乡镇街道或公路时，要看清左右有无来车，千万不要奔跑，不要同来车抢道。

（4）在设有人行过街天桥或地下通道的地方，行人过街要走过街天桥或地下通道，不要横穿街道和公路。

（5）列队横过车行道时，每横列不准超过两人，队列须从人行横道迅速通过，没有人行横道的，须直行通过；必要时长列队伍可以暂时停下，待车辆过去后，再继续通过。

（6）不要在公路上爬车、追车、强行拦车、抛物击车或在公路上做躺卧、纳凉、玩耍、坐卧及其他妨碍交通的行为。

（7）禁止钻爬、跨越、翻越、倚坐人行道与车行道间的护栏和隔离墩，严禁破坏护栏、隔离墩及其他交通设施，如信号灯、交通标志、标线等。

（8）不要进入高速公路、高架道路或者有人行隔离设施的机动车专用道。

（9）学龄前儿童应当由成年人带领在公路上行走，高龄老人上街最好有人搀扶陪同。

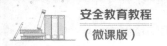

反观自我 〉〉〉〉〉〉〉〉〉〉〉〉〉〉

学完本课，想一想，对于行人交通事故的预防要点，自己做到了哪些，还需要在哪方面加强注意。

_____

_____

_____

知识拓展

人行横道

你是否曾经有过这种经历：行经交叉路口时，面对来来往往的车辆，不知道如何通过公路，好像整个路面都没有你行走的空间。

但是如果路面上画有一条条白色平行线段，并延伸到公路的对面，那么只要你行走的方向上的信号灯是绿灯，你就可以快步通过，横向车道的车辆都会停下让你通行，而这些白色的线段就称为"人行横道"或"行人穿越道线"。

人行横道一般都设于交叉路口，并衔接车道两旁的人行道，供行人穿越。由于每段白色实线互相平行，因此人们又称之为"枕木纹行人穿越道线"。

而在较长的路段中，为了便于行人穿越，也常画设平行内插斜纹线的穿越道，称为"斑马纹行人穿越道线"，以区别于交叉路口的枕木纹行人穿越道线，提醒驾驶员应特别提高警觉，注意行人穿越。

◀ 学以致用 ▶

行人应怎样横过城市街道或公路？

第四课

遵守自行车骑行规范

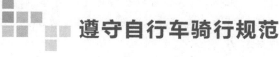

案例引入

一辆装载土石子的自卸大货车在转弯过程中与相向行驶的自行车发生猛烈碰撞，造成两名骑自行车的青少年死亡。

知识探究

　　自行车轻便灵活，是外出理想的交通工具，从校内到校外，或在校园内活动，很多同学都会选择骑自行车这种交通方式。但是在城市交通事故中，也有机动车撞倒骑车人，导致骑车人伤亡的事故。在交通行车中，同机动车驾驶人员相比，骑车人总是处于弱势地位，因此，骑车人更应自觉遵守交通法规，文明行车，确保交通安全。

一、骑自行车应注意的要点

　　（1）学习、掌握基本的交通规则。

　　（2）要经常检修自行车，确保车辆完好。

　　（3）自行车的大小要合适，不要骑儿童玩具车上街，也不要骑太大的车。

　　（4）不要在公路上学骑自行车。

　　（5）自行车要在非机动车道上靠右侧骑行，不逆行；转弯时不抢行猛拐，要提前减慢速度，看清四周情况，以明确的手势示意后再转弯。

　　骑车人必须具有一定的体力、智力和骑车技术，还需要具备一定的交通常识以及对各种事物的识别、分析和判断能力，这样才能安全使用车辆。

二、自行车交通事故预防要点

　　骑车人应自觉遵守交通法规，文明行车，确保交通安全，坚持做到"十要""十不要"，养成良好的骑车习惯。

　　1. 骑车"十要"

　　一要熟悉和遵守道路交通管理法规。

　　二要骑大小合适的车。

　　三要了解车辆性能，做到车辆的车闸、车铃等齐全有效。

　　四要在规定的非机动车道内骑车。

　　五要依次行驶，按规定让行。

　　六要集中精神，谨慎骑车。

　　七要在转弯前减速慢行，向后瞭望，伸手示意。

　　八要按规定停放车辆。

　　九要听从民警指挥，服从管理。

　　十要掌握不同天气的骑车特点。

　　2. 骑车"十不要"

　　一不要闯红灯，或推行、绕行闯越红灯。

　　二不要在禁行道路、路段或机动车道上骑车。

　　三不要在人行道上骑车。

四不要在市区内骑自行车载人。

五不要双手离把、扒扶其他车辆或手中持物。

六不要牵引车辆或被其他车辆牵引。

七不要扶身并行、互相追逐或曲折竞驶。

八不要擅自在自行车上安装发动机。

九不要争道抢行、急转弯。

十不要酒醉后骑车。

反观自我

看看下面这幅漫画，谈一谈图中的做法有何不妥。

知识拓展

弯道骑车方法

弯道骑车速度一定要放慢。跟洗衣机以离心力把水分甩干的原理一样，转弯会产生离心力把人的身体向外拉。转弯半径越小或速度越快，离心力就越强，骑车人越容易摔倒。所以，骑车人转弯时应注意减速至能够正常行驶为妥。

（1）转弯前充分减速，减至身体不被离心力向外拉为止。

（2）转弯时，车身需配合人的身体做倾斜转弯。倾斜角度太大时，轮胎会打滑，有摔倒的危险。

（3）弯道骑车应注意刹车安全，急刹车是很危险的。

学以致用

1. 说说日常生活中骑车人的哪些行为违反了交通法规，并说明它们都有什么危害。

2. 在恶劣天气下骑车应该注意哪些问题？

第五课

注意安全乘坐交通工具

案例引入

2018 年 10 月 28 日，一名乘客在乘坐公交车的过程中，因坐过站与行驶中的公交车的驾驶员发生争吵直至互殴，造成车辆失控，致使车辆与对向正常行驶的小轿车撞击后坠江，造成重大人员伤亡。

知识探究

一、乘坐机动车的安全知识

随着现代城市的发展，机动车的数量越来越多，安全事故也越来越多。如果自己没有机动车，那么外出就需要乘坐公交车、出租车等交通工具。乘车人特别是青少年如果不注意规避不安全行为，不仅会给他人带来不便，甚至可能会危及自己或他人的安全。

微课

乘坐机动车的安全知识

（1）乘坐公交车时，要依次候车，待车停稳后，先下后上；不要在行车道上或道路中间等不准停车的地方拦出租车；不携带易燃、易爆等危险品乘车；在机动车行驶过程中，头、手不要伸出窗外，手应抓牢车上固定的物体；不得向车外吐痰、抛撒物品等，不得做出影响驾驶员安全驾驶的行为。

（2）公交车到站时，有很多人为了在车上抢到好的位置或是赶着下车去办急事而发生争抢或推挤，这样很容易对自己或他人造成伤害。上下公交车时应等车靠站停稳，先让下车的乘客下车，再按次序上车。下车时，要依次而行，不要硬推硬挤。若乘车途中发生紧急情况，逃生办法如下。

① 乘客要有意识地往车厢后半部走，向车后门位置挪动，那里更易于逃生。② 一旦车门无法正常打开，靠近车门的乘客可拉开车门上方的红色紧急开关，打开车门逃生。③ 离车门有一定距离的乘客，可使用安全锤按照车窗上的安全锤敲击位置示意图敲击车窗上相应的部位，敲碎玻璃逃生。如果没有安全锤，其他硬物也可用来敲碎玻璃。实在找不到工具时，可以用衣物包住脚，扶着座椅靠背，用脚掌用力蹬车窗，记住是蹬，不是踢。

（3）乘坐出租车时，必须在车辆停稳后，确认无行人、自行车或电动车靠近，再开右侧车门下车。如果需要开左侧车门，应先观察确认安全后再开车门下车，以防后面来车而发生危险。下车后应随即走上人行道。需要通过车行道的，应从人行横道上通过；千万不能在有车行驶的车行道上急穿，这样很不安全。

（4）乘坐长途汽车时，在上车前就要留心观察汽车的安全状况，如果发现车况太差，就不要乘坐。尤其是途中有高速路段的，更要注意选择性能良好的定点班车。如果在乘车途中发现驾驶员有超速超载等违章操作，或旅客携带违禁物品，则应予以干涉和制止，维护自己和他人的权益。若制止无效，则可要求换车或拨打"110""122"报警。

（5）小组或班集体外出活动，要有老师带队，选择信誉好的客运公司，并核实驾驶员的资格证件，一旦发现驾驶员无驾驶证或有饮酒、过度疲劳等妨碍安全行车的情况，应拒绝乘坐该车。切记不要乘坐货车出游，不要乘坐超载车。

二、乘坐火车的安全知识

除汽车外，火车也是人们出行时主要乘坐的交通工具，乘坐火车出行既经济实惠，又方便快捷，因此掌握一些乘坐火车的安全知识是很有必要的。

（1）站台候车的安全。在站台候车时，必须站在1米线以外，以免不小心掉下站台或被通过的火车擦伤、撞伤。火车的惯性特别大，发生事故时不容易立即停止，因而可能导致严重的后果。

（2）上车前应该接受安全检查，这是为了避免旅客携带易燃、易爆品及其他危险品上车。万一易燃、易爆品及其他危险品被携带上车，火车高速行驶时，会使这些物品震荡、摩擦，从而导致燃烧、爆炸等重大事故。同时，国家对旅客携带的具有危险性的生活用品也有严格规定，旅客应按规定执行。

（3）上车时必须在列车员和站台组织人员的安排下，有序排队上车，不要拥挤，以免被挤伤或因拥挤掉下站台摔伤。

（4）尽管火车站安检工作很仔细，但难免有疏漏的地方。当发现火车上有可疑的易燃、易爆品及其他危险品时，不要轻易用手去触摸，要远离它们，并及时向乘警报告。

（5）不要在车厢内吸烟，这样不仅会影响其他旅客的健康，还可能引起火灾，火车速度快，火势不易控制，极易造成重大伤亡事故。高铁动车组全列禁止吸烟，根据《铁路安全管理条例》《限制铁路旅客运输领域严重失信人购买车票管理方法》，在高铁动车组列车上吸烟或在其他列车的禁烟区域吸烟，由公安机关责令改正，对个人处500元以上2000元以下的罚款甚至行政拘留的处罚，并限制此类失信行为旅客乘坐铁路旅客列车。

一般来说，火车发生事故的概率不大，发生事故时，我们应该做到以下几点。

（1）用锤尖砸车窗4个角的任意一角近窗框位置，如果是带胶层的玻璃，那么一般情况下不能一次性砸破，应在砸碎第一层玻璃后，将其向下拉，将夹胶膜拉破才行；紧急时可用高跟鞋的跟尖或钥匙尖砸。

（2）趴下来，抓住牢固的物体，以防被抛出车厢。

（3）低下头，下巴紧贴胸前，以防头部受伤。

（4）若座位不近门窗，则应留在原地，保持不动；若接近门窗，则应尽快远离门窗。

（5）火车出轨向前行进时，不要尝试跳车，否则身体会以全部冲力撞向路轨，还可能遇到其他危险。

（6）经过剧烈颠簸、碰撞后，火车不再动了，说明火车已经停下，这时应迅速活动一下自己的肢体，若肢体受伤则应先进行自救。一般来说，火车前几节车厢出轨、相撞、翻车的可能性更大，而后几节车厢的危险性小一些。车厢连接处是最危险的地方，故不宜停留。

（7）火车停下来后，不要贸然在原地停留观察，车厢极有可能会起火爆炸。可将装在紧急物体箱内的锤子拿出来，砸破车窗爬出去或采取其他方式砸破车窗逃离车厢。

（8）若路轨通电，不要走出火车，除非乘务员告知已经切断了电源。

（9）离开火车后，应马上通知救援人员。

三、乘船的安全知识

我国水域辽阔，人们外出旅行时，会有很多乘船的机会。船在水中航行，会遇到风浪等危险。在我国南方的不少地区，很多学生需要乘船上下学，因此，乘船安全需要引起重视。

（1）不乘坐无证船只。

（2）不乘坐超载船只。

（3）上、下船要排队按次序进行，不得拥挤、争抢。

（4）天气恶劣时，应尽量避免乘船。

（5）不在船头或甲板等位置打闹、追逐，以防落水。不拥挤在船的一侧，以防船体倾斜，发生事故。

（6）船上的许多设备都与确保安全有关，不要乱动，以免影响正常航行。

（7）夜间乘船，不要用手电筒向水面、岸边乱照，以免引起误会或使驾驶员产生错觉而发生危险。

四、乘坐飞机的安全知识

随着人们生活水平的提高，乘坐飞机的人越来越多。为了保障出行安全，我们要提高乘坐飞机的安全意识，掌握乘坐飞机的安全知识。

（1）登机时看清紧急出口。登机时，看清并记牢自己的座位与紧急出口的距离，发生意外时，先回忆紧急出口的位置，不要盲目跟随人流跑动。注意观察过道内的荧光条，仔细辨认紧急出口的位置。黑暗中，有光的地方往往就是逃出飞机的通道。

（2）褪去身上的坚硬物品。如果乘务组已经发出了迫降预警，那么一定要确认安全带已扣好系紧。从发出迫降预警开始，乘务组便会向旅客发出指令，这时一定要听从指挥，不要擅自行动。有组织的逃生比相互拥挤、争抢获得生存机会的概率更大。为了避免外物对飞机应急滑梯造成损害，须脱掉高跟鞋，摘掉发簪等尖利物品及眼镜等易碎物品。丝袜等易燃物品也要及时褪去，以防被火烧伤。

（3）用湿手帕捂住口鼻。发生意外时，要避免吸入有害气体，并赶在火势严重前逃离。一旦飞机迫降后起火，浓烟便会在短时间内弥漫机舱。保护好口鼻，避免直接吸入有害气体，是最关键的处置方法。在航程开始后，空乘人员会向旅客分发餐前的湿纸巾，不要将它丢掉，因为湿纸巾可以过滤掉一些有害气体，帮助延长逃生时间。

（4）逃离飞机后迎风快跑。若成功逃离失事的飞机，则应迎风快速逃离现场。飞机发生意外时，往往伴随浓烟、失火甚至爆炸，浓烟和火焰会随着风势蔓延，因此顺风跑动的幸存者可能会受到二次伤害。逃离飞机后，应该判断当时的风势，尽可能地远离飞机，确保安全。

反观自我 >>>>>>>>>>>>>>>>>

乘坐交通工具大大方便了我们的出行，想一想，我们平时乘坐交通工具时，是否注意了安全乘坐的要点。

_____

_____

_____

知识拓展

安全带正确使用须知

国内一项调查资料显示，在交通事故中，驾驶员及前座乘客"系好安全带"与"未系安全带"的伤亡比率为 $1:7$，此数据充分证明了系安全带的重要性。可是，如果不能正确地系好安全带，那么安全带也起不到应有的作用，所以要特别注意安全带的正确使用方法。

（1）安全带需绕过肩部，并越过胸前，不可绕过臂膀下方，否则无法发挥应有的功能。

（2）检查安全带是否有扭绞或破损现象。

（3）按正确方法系好安全带后，再以身体往前急冲的动作确认安全带的功能是否正常。用手或身体平行缓慢地拉动安全带，并不能有效地测试安全带的功能。

（4）不是只有在高速公路上行驶时才应系安全带，为了自身安全，应一上车即系好；尤其是在快速道路或郊区等地方行车时，更应该系好安全带。

学以致用

1. 说一说乘车时应该注意哪些问题。
2. 如果车厢内发生意外事故需要紧急疏散，你应该采取什么办法离开现场？

车祸现场，身怀六甲的"80后"女司机勇救伤者

2020年6月2日下午，怀孕5个多月的潘磊开车来到徐州市云龙区黄山社区卫生服务中心给未出生的孩子办理相关手续。大约13：40，她突然听到车外"轰"的一声巨响，紧接着传来路人的尖叫声。她马上停车，看到一个大爷趴在路中间一动不动，周围都是血迹，一辆白色轿车翻倒在路上，那位受伤的大爷的不远处还有4名伤者。潘磊下车后迅速上前处置伤者，经过初步检查，那位趴在路中间的大爷伤势最重，已经出现意识不清的状况，于是她迅速拨打"120"急救电话。想到随着越来越多的人员聚集，可能会对交通造成拥堵，阻碍救护车迅速到场，她又立刻拨打"110"报警电话，请求他们尽快赶到事发地点。

潘磊一边打电话一边蹲下身子检查大爷的脉搏和呼吸，确认大爷生命体征平稳，才稍稍放下心来。她同时紧急召集社区医院的医生、护士，一起对大爷受伤的头部进行包扎止血，并解开老人的衣服查看是否出现胸骨骨折。事发路段车流量较大，为防止伤者发生二次伤害，她主动站在伤者的外侧提示过往车辆。此时，一位好心的路人焦急地对她喊："你都怀孕了，不要站在外面，快进来，注意安全！"但她依然坚持用身体守护伤者，一直到救护车把伤者全部接走，她才拖着疲惫的身躯来到黄山社区卫生服务中心办理手续。下午，驾车返回单位后，潘磊一直牵挂着伤者的情况，多次打电话到医院了解伤者的救治情况，得知伤者均无生命危险后，她悬着的心才放下来。

炎热的高温下，潘磊身怀六甲跪地救人的英勇事迹受到了围观群众及救护人员的赞誉，并被路人拍成视频发到朋友圈。此后，"最美女司机"的雅号不胫而走。

（资料来源：《现代快报》，有删改）

讨论：

1. 结合潘磊的例子分析遇到紧急交通事故时应该怎么样处理？是先救人还是保护现场？
2. 我们应如何有效避免交通事故的发生？

家庭篇

温馨和睦家庭，杜绝事故伤害

安全是家庭幸福的保障。中职生很多时间都是在家中度过的，家庭的安全是学生平安、健康成长的重要保证。"我的家真的足够安全吗？"越来越多的家庭发出这样的疑问。用电不当、饮食不健康、诈骗等都有可能引发危机。因此，我们应该掌握基本的家庭安全常识，杜绝事故伤害。

学习目标

1. 了解家庭安全隐患，掌握家庭安全知识，学会保护自己。

2. 认识家庭安全的重要性，与家庭成员共同学习家庭安全常识，维护好家庭安全，养成良好的生活方式和行为习惯。

第一课

警惕电器杀手

案例引入

某天晚上，赵先生到父母的住处看望他们。进屋后发现70岁的父亲和69岁的母亲双双倒在卫生间并已身亡。警方进入现场勘查，发现赵母右手手指有电击痕迹，分析认为，赵母在洗澡时遭到电击，赵父应声赶来搭救，由于不了解用电知识，也不幸触电身亡。

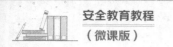

知识探究

一、日常安全用电须知

电是现代社会不可缺少的能源，文明生活离不开电，但电的使用有其两面性：使用得当，电能给人们带来很大的益处；使用不当，则会造成很大的危害。因此，掌握基本的安全用电知识非常重要。

（1）不要用湿手或湿脚接触开关、插座和各种电器电源接口，更不要用湿布擦电器。

（2）移动电器时必须切断电源。

（3）发现电器冒烟或闻到异味时，一定要迅速切断电源并仔细检查。

（4）电器使用完毕，要及时切断电源。雷雨天最好不要使用电器，并且拔掉各种插头。

（5）发现电线破损时，要及时更换或用绝缘胶布缠好。

（6）在使用家电产品时，应先阅读使用说明书，尤其要读懂注意事项，弄清所有按钮的用处及具体操作程序后，再接通电源。

（7）给手机充电时不要打电话，以免引起火灾。

（8）在使用电熨斗类的电器时不要离开，以免引起火灾。

（9）严禁私自打开公共变、配电室和居民楼内的电箱，以免发生事故。

（10）在户外发现电线断裂、落地时，不要靠近，应及时报告电力部门。

二、触电后如何急救

发现有人触电后，切不可盲目救助伤员。如果伤员得不到正确的救治，可能会受到更为严重的伤害。因此，我们有必要了解一些关于触电的紧急救护知识。

（1）发现有人触电后，应立即切断电源，或用不导电物质（如干燥的木棒、竹竿等）使伤员尽快脱离电源。

（2）在伤员脱离电源后，应迅速将其移到通风干燥的地方仰卧，并将其上衣和裤带放松，观察伤员有没有呼吸；摸一摸其脖子上的动脉，看有没有脉搏。

（3）若伤员呼吸、心跳均停止，应立即实施急救，交替进行口对口人工呼吸和胸外心脏按压，并打电话呼叫救护车。

（4）尽快将伤员送往医院，并注意在运送途中不可停止施救。

反观自我 >>>>>>>>>>>>>

用电不当非常危险。在日常生活中，应该怎样注意用电安全？

_____

_____

_____

知识拓展

识别安全用电标志

（1）红色安全用电标志：表示禁止、停止和消防，如信号灯、信号旗以及机器上的紧急停止按钮等。

（2）黄色安全用电标志：表示注意危险，如"当心触电""注意安全"等。

（3）绿色安全用电标志：表示安全，如"在此工作""已接地"等。

（4）蓝色安全用电标志：表示强制执行，如操作此设备"必须戴安全帽"等。

（5）黑色安全用电标志：为图像、文字符号和警告标志的几何图形。

学以致用

1. 如果发现附近有电线掉落，你该怎么办？
2. 当发现有人触电倒地时马上将其扶起，这种做法对吗？为什么？
3. 在日常生活中，应该怎样使用电器？

第二课

注意饮食安全

案例引入

某学生在家帮母亲做饭，择完扁豆已经快到吃晚饭的时间了，于是她把扁豆放在锅里匆匆炒了炒，放了点油、盐就出锅了。吃完晚饭没多久，全家人呕吐不止。经过抢救，中毒的全家人得以脱险。又经过一天的紧急化验，中毒事件才真相大白：原来是扁豆炒制时间短，其产生的剧毒物质未来得及分解，从而使人中毒。

知识探究

一、食物中毒的含义和种类

食物中毒是指因摄入含有细菌、动（植）物毒素或化学毒素的食物而引发的中毒性疾病。食物中毒按原因可分为细菌性食物中毒、有毒动（植）物食物中毒、化学性食物中毒和真菌毒素食物中毒4类。

微课

注意饮食安全

1. 细菌性食物中毒

细菌性食物中毒多发生在夏秋季，多因食物没有烧熟煮透，或放置时间过长，或操作中不注意卫生，被细菌或其毒素污染而引起。

这些细菌大多为致病能力很强的病菌，包括嗜盐菌、致病性大肠杆菌、沙门氏菌、葡萄球菌和肉毒杆菌等。它们或是在大肠里大量繁殖引起急性感染，或是在食物中释放毒素，被肠道吸收后引起中毒反应。

2. 有毒动（植）物食物中毒

有毒动（植）物食物中毒多因误食本身含毒素的河豚、发芽的马铃薯、生扁豆、腐烂的甘薯、有毒的蘑菇等食物，或因对食物烹调不当而引起。

3. 化学性食物中毒

化学性食物中毒是指食用了被农药（含砷、有机磷、有机氯）或有色金属化合物和亚硝酸盐等污染的食品而引起的中毒。家庭中常见的杀虫剂，一旦使用不当就容易造成化学性食物中毒。

4. 真菌毒素食物中毒

真菌毒素食物中毒是指食用了含有被大量霉菌毒素污染的食物而引起的中毒，如赤霉病麦、谷物和甘蔗等食物在不合适的保存环境中可能产生霉变和真菌繁殖。

二、如何防止食物中毒

（1）注意个人卫生，饭前便后要洗手。吃饭前应把手洗干净，尤其是接触过公共设施或其他可能携带细菌的物品之后。当手上有伤口而要与食品接触时，最好用绷带包扎伤口或戴上密封手套。

（2）生吃瓜果蔬菜时，要洗净消毒。

（3）不喝生水，不吃腐烂变质的食物，不吃泡久了的黑木耳等易引发中毒的食物。

（4）大力消灭苍蝇、蟑螂等有害昆虫。

（5）购买食品时，看清楚所购买的食品（特别是一些熟食制品）是否在保质期内，包装是否符合卫生要求，是否按特定的储存要求存放。

（6）自己加工食品时要煮熟，而且加热时要保证食品所有部分的温度至少达到 70℃。

（7）在外用餐时，要选择干净的就餐环境，不要到一些没有卫生许可证的小摊点吃东西。

（8）不要食用来路不明的食物。

三、发生食物中毒后的急救措施

若发生食物中毒，应第一时间寻求家长和老师的帮助，尽快接受医疗救治。此外，还应了解一些具体的自救措施。

1. 催吐

如果吃下食物的时间在两小时之内，那么可以采取催吐的方法。

（1）取食盐 20 克，加开水 200 毫升，冷却后一次性喝下。若不吐，则可多喝几次，以促进呕吐。

（2）取鲜生姜 100 克捣碎取汁，用 200 毫升温水冲服。

（3）如果吃下去的是变质的荤食，则可服用催吐药物来促进呕吐。

（4）可用手指等刺激咽喉，引发呕吐。

2. 导泻

如果吃下食物的时间超过两小时，且精神尚好，则可服用适量泻药，促使有毒食物尽快排出体外。

3. 解毒

（1）如果因吃了变质的鱼、虾、蟹等引起食物中毒，则可取食醋 100 毫升，加水 200 毫升，混合后一次性服下。

（2）若是误食了变质的饮料或防腐剂，最好的急救方法则是饮用适量鲜牛奶或其他含蛋白质的饮料。

反观自我 》》》》》》》》》》》》》

在日常生活中，你是怎样预防食物中毒的？和同学们交流一下。

_____

_____

_____

知识拓展

蔬菜也可能含毒，重在细烹调

（1）黄花菜（也叫金针菜）若处理不当则会引起食物中毒。市场上的黄花菜多是处理过的，已无毒，但鲜黄花菜含有有毒的秋水仙碱，应尽量避免食用。

（2）土豆本来无毒，是一种营养价值很高的蔬菜，但土豆在发芽后，会产生许多有毒的龙葵素，龙葵素在芽的附近最多。芽被瓣掉，但芽眼附近的毒素并未除尽。如果用这样的土豆做菜，也会引起食物中毒。

（3）西红柿未成熟时也含有龙葵素，不能食用。

学以致用

1. 什么是食物中毒？
2. 发生食物中毒后应该采取什么措施？

第三课

预防家务劳动伤害

案例引入

甜甜是个很懂事的孩子，每天放学后总要帮爸爸妈妈做些家务。一天，爸爸做饭，甜甜就帮着打下手，一会儿拿碗筷，一会儿端菜端饭。汤做好了，甜甜双手端着汤，从厨房往外走。没想到脚下一滑，一个趔趄，滚烫的汤洒在了手上，疼得她直跺脚，眼泪都出来了。爸爸一把将甜甜拉到水池前，打开水龙头，让凉凉的水慢慢地流到甜甜的手上。等她觉得不疼了，爸爸又找来一件干净的柔软的衣服盖在她的手上，然后父女俩急忙去了医院。

知识探究

日常生活中，做家务是好事，但是做家务时也会出现一些小意外，例如手指被刀割破、被热油溅伤、烫伤等偶发事件。因此，做家务时也应该小心谨慎，防止意外伤害。

一、厨房劳动，防止烧烫伤

不经意间被沸水、滚粥、热油、蒸汽等烧烫伤在厨房劳动中很常见。在做家务时应注意以下要点，以防止被烧烫伤。

（1）炒菜时，油加热后温度很高，要特别注意，当油温升高后，不可让水滴进去，否则油星飞溅，容易被烫伤。

（2）使用高压锅前，一定要先检查气阀是否畅通，往锅里添水时不要超过规定的界线。发现气阀不畅时，应立即关火或切断电源，防止被高压锅里滚烫的汤水喷溅烫伤。

微课

预防家务劳动
伤害

（3）去厨房倒开水、端热汤时，应小心谨慎，防止被沸水、热蒸汽等烫伤。开水浇在裸露的皮肤上，皮肤会被烫得红肿，甚至会出现一个个水疱。

（4）用壶烧水，水开后应先关火或电源而不要立刻打开壶盖，否则壶中蒸汽冒出来很容易导致烫伤。

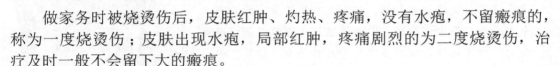

二、发生烧烫伤后的急救措施

做家务时被烧烫伤后，皮肤红肿、灼热、疼痛，没有水疱，不留瘢痕的，称为一度烧烫伤；皮肤出现水疱，局部红肿，疼痛剧烈的为二度烧烫伤，治疗及时一般不会留下大的瘢痕。

（1）对于一度烧烫伤，应立即用凉水把伤处冲洗干净，然后用凉水浸泡伤处半小时。一般来说，浸泡时间越早、水温越低（不能低于5℃，以免冻伤），效果越好，浸泡之后可以再涂些清凉油、烫伤膏。

（2）如果伤处已经起了水疱，那么不要弄破水疱，也不可浸泡，以防感染，可以在水疱周围涂擦酒精，并用干净的纱布包扎。

（3）烧烫伤比较严重的，应当及时到医院进行诊治，防止伤处感染、化脓。

（4）烧烫伤面积较大的，应尽快脱去衣裤、鞋袜，但不能强行撕脱，必要时应将衣物剪开。被大面积烧烫伤后，要特别注意伤处的清洁，不能随意涂擦外用药品或代用品，防止受到感染，给医治增加困难。正确的方法是脱去伤者的衣物后，用洁净的毛巾或床单进行包裹。

反观自我 >>>>>>>>>>>>>>>>>

回想自己在家做家务时，是否被烧伤或烫伤过，当时你是怎么处理的？

_____

_____

_____

_____

◀ 学以致用 ▶

如果在做家务劳动时被烧伤或烫伤，你应该怎么做？

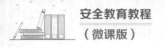

第四课

守住家门，防止受骗

　　有一名男子仅凭一身工作服就轻易地骗开了一户人家的大门，当时这户人家只有一个13岁的少年，这名男子进门后就将少年打晕，盗走了家里的贵重物品和几千元现金。警方调查时，少年描述男子声称是来检查电路的，少年就轻易地将屋门打开让其进来，结果不仅给自己带来了伤害，还给家里造成了很大的经济损失。

　　在城市里，一些犯罪分子频频把魔爪伸向居民住宅、单位办公室和商铺，进行入室盗窃和抢劫。犯罪分子经常"乘虚而入"，选择容易下手、难以被人发现的地方入室盗窃，特别是家里没有成年人时，更是他们常选择的作案时机。一天中有两个时间段是他们作案的"黄金时段"：凌晨三四点和白天上班时间。

一、犯罪分子入室作案的主要手段

　　（1）撬开或攀爬防盗网。据调查，绝大部分后半夜发生的盗窃案件有两种形式：一是撬开防盗网入室行窃；二是利用防盗网攀爬上楼，钻入高层住户家中作案。

　　（2）伪装行骗。有些犯罪分子会窜至居民住宅，将安装在屋外的电闸拉掉，然后伪装成水电修理工，混入室内进行诈骗等犯罪活动。

　　（3）尾随抢劫。犯罪分子尾随放学回家的学生入楼，当放学回家的学生用钥匙开门时，用凶器相逼，强行进入屋内进行抢劫。

二、独自在家防受骗的办法

　　犯罪分子常常利用未成年人独自在家，反抗力量小，又缺乏社会经验的弱点进行犯罪活动，所以未成年人独自在家时要格外小心，面对素不相识的陌生人以各种理由和名义要求进入室内时，应采取以下办法。

（1）一个人在家，要锁好院门、房门等。当有人敲门时，一定要问明来意，对不熟悉或不认识的人，千万不要开门。例如，陌生人以修理工、推销员等身份要求开门时，可以大声地告诉门外的人家里不需要，请其走开或者寻找一些借口，请其不要打扰。

（2）如果陌生人欲强行闯入，千万不要害怕和慌乱，应立即到窗口、阳台等处高声喊叫或者佯装打电话吓跑陌生人。如遇紧急情况，应正确使用报警电话"110"寻求帮助。

（3）养成进出家门随手关门并反锁的习惯，独自在家时要关好门窗。

 素养提升 ■

邻里互助才能营造和谐的生活环境

2021年年底的一天下午，正值快要过年，李某因为没钱回家过年，便心生歹念。他带着一把螺丝刀四处溜达，准备找个合适的地方"大捞一笔"。李某走到马驹桥某村一处平房院门前时，看到院门没关并且写着出租信息，就偷偷溜了进去。进去后李某在两侧的几间出租屋中寻找目标，隔着玻璃窗看到其中一间屋内桌子上有一台笔记本电脑。李某四处观望、试探无人后，迅速用随身携带的螺丝刀撬开租客武某的出租屋房门，入室盗窃武某笔记本电脑一台、双肩背包一个。李某逃离现场出院门时，恰巧被正在擦玻璃的房东母子发现并追问李某来由，谁知李某撒腿就跑，房东儿子紧追不舍，最终抓住李某，院里的监控也拍下了李某的整个盗窃过程，人赃并获后房东母子立即报了警。

远亲不如近邻，邻里互助、见义勇为在当今的社会环境下更加难能可贵，值得赞扬。当我们发现身边人的人身或财产安全受到侵害的时候，一定要在保证安全的情况下伸出援助之手，共同与犯罪行为做斗争，毕竟众人拾柴火焰高，携手才能营造和谐的生活环境。

反观自我 »»»»»»»»»»»»»

在日常生活中，你有没有遇到过陌生人上门行骗的事情？把你对付骗子的技巧和同学们交流一下。

_____

_____

_____

_____

知识拓展

家庭防盗知识

（1）家中不要存放大量现金，一时用不着的现金应存入银行。存折、银行卡不要与身份证、工作证、户口簿放在一起。

（2）金银首饰切忌存放在抽屉等引人注意的地方。

（3）对于电视机、录像机、照相机等贵重物品，应将明显标志及出厂号码等详细记录备查。

（4）钥匙要随身携带，不要乱扔乱放，丢失钥匙后要及时更换门锁。

（5）学龄前儿童不能带钥匙，更不能将钥匙挂在脖子上。

（6）离家前要将门窗关好，上好保险锁。

（7）交朋友要慎重，家庭成员特别是青少年不可随便将陌生人带到家中。

（8）要通过可靠渠道雇用家政人员，要查验其身份证。

（9）提醒家政人员增强安全意识，不要轻易让陌生人入室。

◄ 学以致用 ►

父母不在家的时候，有陌生人称是你父母的朋友来帮忙取东西，并说出了你父母的名字，要求你给他开门，这时你应该怎么做？

◆◆ 素质拓展 ◆◆

荆楚楷模：快递小哥张裕勇救火场一家三口

2021年12月10日，武汉市江汉区一居民楼3楼居民家中突发火情。危急关头，一位快递小哥迅速奔来，徒手攀至2楼窗沿，救下受困的一家三口。

救人后，低调的小哥戴起口罩想默默离开，被一众热心居民拉住，英雄身份得以公开——顺丰唐家墩营业部快递小哥，张裕。

这次家庭火灾属于油烟管道火灾，一般是厨房操作人员用火不慎，油锅无人看管，加上对厨房油烟管道清理不及时，油污堆积严重，遇明火或高温烟气后，油污被引燃所致；或者是炒菜翻锅时，抽风机的吸力将火引向管道而引起的。

当日上午11时许，按照日常工作计划，张裕来到江汉区万科汉口传奇唐樾小区内收件，突然闻到一阵刺鼻的浓烟味，他转头便看见3楼一户居民家中起火。一家三口被汹涌的火势逼退至南面阳台，试图向外寻求帮助。

此时，楼下围满了居民，有人在大声呼救，还有不知所措的居民脱下棉袄、找出被毯，想要接住被困者。

"火势蔓延快，必须抓紧时间，尤其还有一个孩子。"曾在武警某部服役过的张裕果断出手救人。只见他一跃而上，徒手爬至2楼窗沿，不到1分钟，便固定住姿势，坚定地向3楼阳台伸出右手，"快！先把孩子交给我。"

千钧一发之际，张裕的到来让一家三口欣喜不已，两位大人立即将孩子悬空提起，向楼下送去。所有人都屏住呼吸，一条坚定有力的手臂牢牢搂住孩子的身躯，一把将孩子安全送进2楼屋内。赶在消防车到来前，3岁的小女孩及两名大人均被救出。

当所有人都松了一口气时，沾了一身灰的张裕悄悄跨上电动车，准备离开。"英雄别走，让我们记住你的脸。"现场，一位居民大姐"强行"摘下了张裕刚戴上的口罩，才发现他竟是近来一直为社区服务的快递小哥。

湖北日报全媒记者通过各方了解到，张裕2004年在罗田入党，是站东社区顺丰唐家墩营业部唯一的党员。入党早的他，一直以来将发挥党员先锋模范作用当作信念。日常送快递时，若看到居民搬不动重物，他会上前帮忙；看到户主垃圾没倒，他会顺手带走；看到社区有安全隐患，他会通过"江城小蜜蜂"平台及时上报；社区需要宣传防诈骗知识，他和同事一道将宣传卡片贴在快递件上……

张裕见义勇为的事迹一经传开，引得无数赞誉。武汉市消防救援支队为张裕颁发了"武汉市优秀消防志愿者"荣誉证书及"消防勇士"纪念奖牌；唐家墩街道办事处带着5000元"见义勇为"奖奖金上门慰问；湖北顺丰速运公司将张裕纳入分公司经理培养储备池，并奖励奖金3万元……面对蜂拥而至的荣誉，张裕显得十分不好意思，"不需要这么多褒奖，我只是做了党员该做的事。"

（资料来源：《湖北日报》，有删改）

讨论：

1. 家庭用电用火可能会面临哪些风险？
2. 张裕的榜样案例给我们带来哪些启发？

运动与
旅游篇

美好休闲时光，注意人身安全

旅行中有关安全防范的内容虽然很多，但归纳起来不外乎衣、食、住、行4项内容。外出旅行应该根据当时的季节和当地气候条件及沿途各地的环境，带合适和实用的生活用品。每天看天气预报，了解气候变化，及时调整计划，防患于未然。

学习目标

1. 坚持"健康第一"的思想，养成体育锻炼习惯，促进身心和谐发展。
2. 激发参与旅游的兴趣，调动参与热情，学会在旅游时照顾自己、帮助他人。

第一课

体育锻炼莫伤身

案例引入

某学校体育课上，同学们正在进行双杠训练。学生叶某认为双杠"支撑摆动前摆下"这个动作很简单，不用同学保护，结果在后摆时双手脱杠，脸部着地，当场摔掉了两颗门牙，险些酿成大祸。

知识探究

党的二十大精神强调，要广泛开展全民健身活动，加强青少年体育工作，促进群众体育和竞技体育全面发展，加快建设体育强国。体育锻炼能够帮助学生增强体质，可是在体育活动中也存在很多威胁生命安全的隐患。近年来，学校体育活动中出现伤害事故的频率呈上升趋势。如何减少或者避免体育活动中伤害事故的发生成为学校及其教师与学生颇为关注的话题。

一、在操场上运动如何自护

在操场上可以进行多种运动项目的体育锻炼，遵守相应的运动规则是运动安全的重要保证。

（1）做全身准备活动，以防肌肉拉伤、扭伤。

（2）短跑等项目要在规定的跑道上进行。

（3）跳远时，必须严格按教师的指导助跑、起跳。

（4）在进行投掷训练（如投掷铅球、铁饼、标枪等）时，一定要按教师的口令进行。

（5）在进行单、双杠和跳高训练时，器械下面必须准备好厚度符合要求的垫子。

（6）在进行跳马、跳箱等跨越训练时，器械前要有跳板，器械后要有保护垫，同时要有教师和同学在器械旁站立保护。

（7）做前后滚翻、俯卧撑、仰卧起坐等垫上运动项目时，要严肃认真，不能打闹，以免发生扭伤。

（8）参加篮球、足球等项目的训练时，要学会保护自己，不要在争抢中伤及自己或他人。

二、体育课着装须知

体育课进行的大多是全身运动，运动量大，体育器材多，为了安全，体育课上的着装需符合以下要求。

（1）衣服要宽松合体，最好不穿纽扣过多、拉链过多或者有金属饰物的服装，尽量穿运动服。

（2）上衣、裤子口袋不要装钥匙、小刀等坚硬、锋利的物品。

（3）不要佩戴各种金属的或玻璃的装饰物，不要戴各种头饰。

（4）不要穿塑料底的鞋或皮鞋，应当穿运动鞋。

三、运动会安全注意事项

运动会项目多、持续时间长、运动强度大、参加人数多，安全问题不容忽视。在运动会中需要注意以下事项。

（1）遵守赛场纪律，服从调度指挥。

（2）赛前做好准备活动，使身体适应比赛。

（3）赛前注意身体保暖。

（4）赛前不可吃得过饱或者饮水过多。

（5）在指定地点观看比赛。

（6）赛后不要立即停下来休息。

反观自我 »»»»»»»

小明为了显示自己的勇敢，跳马时不让别人保护他，你认为他的做法对吗？

_____

_____

_____

知识拓展

运动后忌饮冷饮

运动会使身体出汗，身体缺水时需要补充水分，有些人为了一时痛快，便大量饮用冷饮，以为这样很解渴，其实这样做是不对的，对身体有害。

人在运动时产生的热量使胃肠道表面的温度急剧上升，有时可高达40℃。如果这时大量饮用冷饮，胃肠道血管便会在强冷的刺激下收缩，减少腺体分泌量，导致消化不良，有的可能引起肠胃痉挛、腹痛，严重者甚至可能引起胃溃疡、胆囊炎等疾病。

运动时产生的巨大热量可使口腔温度达39℃，使牙周、咽部组织处于充血状态，冷饮会刺激口腔，可能会造成口腔局部机能紊乱，导致牙酸、牙痛甚至更严重的口腔疾病。

所以，运动后忌饮冷饮，宜饮温饮，这样才既解渴又有利于身体健康。

◀ 学以致用 ▶

体育活动中都存在哪些安全隐患？应该如何规避这些隐患？

第二课

游泳安全挂心头

案例引入

一天，16岁的黄某一时兴起，与同学刘某相约到当地水库游泳。16岁的刘某刚刚学会游泳，黄某虽然知道这个情况，但是他仍然将刘某带到深水区。当他们在深水区游了一会儿后，黄某因为体力不支，便自己游向岸边。刘某则因游泳技术不佳，在深水区挣扎了一会儿便沉入水底，溺水身亡。

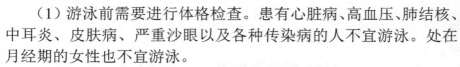

知识探究

一、如何避免游泳时发生危险

微课

游泳安全

游泳过程中存在许多危险，为了保证游泳安全，应该做好以下防护措施。

（1）游泳前需要进行体格检查。患有心脏病、高血压、肺结核、中耳炎、皮肤病、严重沙眼以及各种传染病的人不宜游泳。处在月经期的女性也不宜游泳。

（2）慎重选择游泳场所，不要到陌生的江河湖海中游泳，也不要到有血吸虫、被污染和杂草丛生的水中游泳，而应在游泳池里游泳，在有救生员的正规场所游泳。在设有"禁止游泳或水深危险"等警告标语的水域，千万不可下水游泳。在风浪大、照明不佳的水域，也不要下水游泳。要选择好的游泳场所，对游泳场所的环境（如该游泳场所是否卫生，水下是否平坦，有无暗礁、暗流、杂草，水域的深浅等情况）要了解清楚，有的游泳池底长有青苔，当水深至脖子时，游泳者极易因站不稳摔倒而呛水身亡。

（3）游泳前应做一些准备活动，如伸展四肢、活动关节等，同时用少量冷水冲洗一下躯干和四肢，这样可以使身体尽快适应水温，避免出现头晕、心慌、抽筋等现象。

（4）严格遵守游泳池的规则，不要潜水。

（5）初学游泳者最好有泳技好的人陪伴，不要独自一人外出游泳。

（6）必须有组织地在教师或熟悉水性的人的带领下游泳，以便互相照顾。如果集体组织外出游泳，下水前后都要清点人数，并指定救生员做安全保护。

（7）从事任何水上活动，均应穿上救生衣，以防发生意外。下水的装备要带全，一定要戴泳镜，不穿牛仔裤或长裤下水。

（8）身心状况欠佳时，如有疲倦、饱食、饥饿、生病、情绪不好以及酗酒等情况，均不宜游泳。剧烈运动和繁重劳动以后也不要游泳，要缓冲一段时间后才能游泳。

（9）水温太低、太高都不宜游泳。在水中抽筋时，切忌慌乱，要保持冷静，改用仰漂。

（10）平日有机会应参加心肺复苏术训练及水中自救训练。若遇危险情况，要保持冷静，可大声呼救或自救解脱。

（11）若遇人溺水，可一面大声呼救，一面利用竹竿、树枝、绳索、衣服或漂浮物抢救。没有把握时，千万不要下水救人，未熟练掌握救生技术者也不要妄自下水救人。

（12）要清楚自己的身体健康状况，平时四肢容易抽筋者不宜游泳，更不要到深水区游泳。有假牙的同学，应将假牙取下，以防呛水时假牙落入食管或气管。

（13）对自己的水性要有自知之明，下水后不能逞强，不要贸然跳水和潜泳，更不能互相打闹，以免呛水和溺水。

（14）在游泳过程中，如果突然觉得身体不舒服，如眩晕、恶心、心慌、气短等，要立即上岸休息或呼救。

二、游泳遇险自救方法

游泳时常会遭遇的意外有水中抽筋、水草缠身、身陷漩涡、过度疲劳等。在游泳过程中遇到这些意外时，要沉着冷静，按照科学的方法进行自我救护，同时发出呼救信号，以便及时得到同伴或救生员的帮助与救护。

1. 水中抽筋自救法

抽筋是肌肉强直性收缩，往往是因为过度疲劳、游泳过久或突然受冷水刺激。游泳时突然抽筋是很常见的现象，如遇抽筋，千万不要慌张，应立即上岸擦干身体。如果在深水处或腿部抽筋剧烈，无法游回岸上，则应沉着冷静，呼人援救，或使自己漂浮在水面上，控制抽筋部位。经过休息，抽筋情况会自行缓解，然后立即上岸休息。

抽筋时，通常根据抽筋的部位分别进行处理。

（1）手指抽筋，将手握成拳头，然后用力张开，张开后，又迅速握拳，如此反复数次，直至恢复为止。

（2）手掌抽筋，用另一手掌将抽筋手掌用力压向背侧并做振颤动作。

（3）手臂抽筋，将手握成拳头并尽量曲肘，然后再用力伸开手和手肘，如此反复数次。

（4）小腿或脚趾抽筋，用抽筋小腿对侧的手握住抽筋腿的脚趾用力向上拉，同时用同侧的手掌压在抽筋腿的膝盖上，帮助抽筋腿伸直。

（5）大腿抽筋，弯曲抽筋的大腿，使其与身体成直角，并弯曲膝关节，然后两手抱紧小腿，用力使它贴在大腿上并做振颤动作，随即向前伸直。

（6）腹直肌抽筋，腹直肌抽筋即腹部（胃部）抽筋，可弯曲下肢靠近腹部，用手抱膝，随即将下肢向前伸直。

2. 水草缠身自救法

江河湖泊靠近岸边或水较浅的地方，一般常有水草，游泳者应尽量避免到这些地方游泳。如果不幸被水草缠住，一定要保持镇静，切不可踩水或手脚乱动，否则会使肢体被缠得更难解脱。此时，可以用仰泳方式（两腿伸直，用手掌倒划水）沿原路慢慢退回；也可以平卧水面，使两腿分开，用手解脱；还可以想办法把水草割断或试着把水草踢开。无法摆脱水草时，应及时呼救。摆脱水草后，轻轻踢腿而游，并尽快离开水草丛生的地方。

3. 身陷漩涡自救法

河道突然放宽处、收窄处和骤然曲折处，水底有突起的岩石等阻碍物、有凹陷的深潭，或河床高低不平处等，都会出现漩涡；山洪暴发、河水猛涨时，漩涡最多；海边也常有漩涡。有漩涡的地方，一般水面常有树叶、杂物在漩涡处打转，只要稍加注意就可及早发现并远离。如果已经接近，切勿踩水，应立刻平卧水面，沿着漩涡边，用爬泳快速地游过。因为漩涡边缘处吸力较弱，不容易卷入面积较大的物体，所以身体必须平卧水面，切不可直立踩水或潜入水中。

4. 过度疲劳自救法

过度疲劳后游泳或游泳过度后，都容易造成抽筋或因体力不支而溺水。当觉得寒冷或疲劳时，应马上游回岸边。如果离岸甚远，或过度疲劳而不能立即回岸，则应仰浮在水上以保存体力。有人施救时，可举起一只手，放松身体，让施救者救护，不要紧抱着施救者不放。

三、溺水时怎样救护

溺水是由于大量的水经口鼻进入肺内，或冷水刺激使喉头痉挛而出现窒息和缺氧的急症。溺水者若不能被及时抢救，呼吸、心跳就会停止，5 ～ 6 分钟就可危及生命。如果发现有人溺水，必须及时救助。

根据落水时间长短，溺水可分为 3 种程度。

（1）轻度。落水瞬间淹溺，仅吸入或吞入少量的水，引起剧烈呛咳，此时溺水者神志是清醒的，血压升高，心跳加快。

（2）中度。溺水 1 ～ 2 分钟后，由于呼吸道吸入水分而缺氧、窒息，此时溺水者神志模糊，呼吸浅表、不规律，血压下降，心跳减慢，反射减弱。

（3）重度。溺水 3 ～ 4 分钟，因严重缺氧和窒息，溺水者面部出现紫块、肿胀，眼结膜充血，口腔、鼻腔、气管充满血性泡沫和污泥，肢体冰冷，昏迷，抽搐，呼吸不规律，胃内充满积水致腹胀；严重者心跳、呼吸停止，瞳孔散大。一般从溺水至死亡只有 5 ～ 6 分钟。

把溺水者从水中救出后，应立即进行现场急救。

（1）立即清除口腔、鼻腔中的堵塞物，如杂草、污泥等。

方法：使溺水者侧卧，急救者一手固定溺水者向上的肩部，另一只手的食指钩出溺水者口中异物。清理完后，托起溺水者下颌向上推，使其头部向后仰，并将其舌头钩出，使其保持气道畅通，松解其衣扣、腰带。

（2）进行排水动作，清除溺水者呼吸道、肺和胃内的积水，这种方法适用于呼吸、心跳尚存者。

方法：①急救者抱住溺水者双腿，将溺水者腹部置放于自己肩部，快步走动；②急救者一条腿跪下，另一条腿向前屈膝，将溺水者俯卧于自己的膝盖上，使其头呈低位，轻拍溺水者背部将水排出；③急救者也可利用自然斜坡，让溺水者头呈低位俯卧，用手掌拍击溺水者背部。

（3）溺水者已无自主呼吸，心跳已停止时，应立即使其仰卧于地板或木板上，施行心肺复苏术，并长时间坚持，不能轻易放弃救治。溺水者呼吸、心跳恢复后，应及时将其送往医院进行检查治疗。

反观自我

和同学讨论一下，游泳时需要注意哪些事项。检查一下自己在哪些地方做得还不够好。

_____

_____

_____

知识拓展

在游泳池游泳的安全常识

（1）在泳池边不可奔跑或追逐，以免滑倒摔伤。

（2）在泳池边不可故意推人下水，以免使他人撞到人或撞到池边而受伤。

（3）在游泳池浅水区严禁跳水，否则可能造成颈椎受伤甚至终身瘫痪。

（4）戏水时，不可将他人压入水中不放，以免使他人因呛水而窒息。

（5）在水中活动已有寒意或有抽筋感时，应及时上岸休息。

（6）发现有人溺水时，应立刻发出"有人溺水"的呼救声或拨打"110""120"请求救援。如果自己没有学过水上救生，不可贸然下水施救。

学以致用

你会游泳吗？如果有同学约你去深水区游泳，你会答应吗？说说你这样做的理由。

第三课

旅游安全须注意

案例引入

某日，福建省一海滩发生一起悲剧：43 名学生顶着 8 级大风到此游玩，突然一个巨浪袭来，3 名男生被卷走，之后，又有 4 名前往搜救的男生失踪。

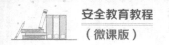
知识探究

　　有时候，只要我们准备充分，很多事故是可以避免的。出门旅游也是一样，一定要做好充分的准备，保证自身安全。

一、如何消除旅途中的不安全因素

　　旅途中的不安全因素主要如下：①没有周密的旅游计划；②无目的地游览；③不尊重当地的习俗；④上当受骗；⑤单独外出旅游。

　　消除旅途中的不安全因素可以从以下几方面着手。

　　（1）制订周密的旅游计划。事先要制订时间、路线、食宿方面的具体计划，带好有关地图、车（船）时间表以及必备的行装。

　　（2）携带常用药。外出旅游要带上一些常用药，特别是夏季旅游时，要随身携带清凉油、风油精、藿香正气水等。因为外出旅游难免会碰上一些意外情况，随身带一些常用药品，争取做到有备无患。

　　（3）注意旅途安全。旅途中有时会经过一些危险区域，如陡坡密林、悬崖蹊径、急流深洞等，在这些危险区域，要尽量结伴而行，千万不要独自前往。

　　（4）文明礼貌。任何时候、任何场合，对人都要有礼貌，事事谦逊忍让，自觉遵守公共秩序。

　　（5）爱护文物古迹。旅游者每到一地都应自觉爱护当地的文物古迹和景区的花草树木，不要在文物古迹上乱刻乱涂。

　　（6）尊重当地的习俗。我国是一个多民族的国家，许多少数民族有宗教信仰和习俗忌讳。在进入少数民族聚居区旅游时，要尊重当地的传统习俗和生活中的禁忌，切不可忽视礼俗。

　　（7）注意卫生与健康。旅游在外，一般都要品尝当地美食，体验当地饮食文化，但一定要注意饮食、饮水卫生，切忌暴饮暴食。

　　（8）和家人保持联系。出门旅游时可能会因为突发事件而耽误行程，这时一定要记得和家人保持联系。

二、户外运动须注意的事项

　　登山特别是竞技性登山或登山探险是一项特殊的高危运动，主要表现在它有许多未知因素和一些不可预知的险情，如山体滑坡、雪崩、暴风雪等。登山一定要把安全放在首位，量力而行。

　　我国有得天独厚的户外运动资源，人们除了登山，还可以选择其他适合自己的户外运动。参加具有一定风险的登山等户外运动时，必须明确两个观念：其一，"探险"不是"冒险"，探险是探索的过程，是在一定的精神和物质基础之上，在科学的指导下从事的探索活动，其要义是尊重科学；其二，是"亲近"自然而不是"征服"自然，我们应该亲近自然，聆听自然对我们的教诲，感受自然对我们的熏陶。作为一个成熟的户外运动者，认识自然、尊重规律是必学的一课。我们不应靠一时的心血来潮，用自己的鲜血和生命去体验前人的教训。

 素养提升

牧羊人朱克铭：救人是作为一个人的本分

2021 年 5 月 22 日，甘肃白银景泰县黄河山地马拉松百公里越野赛遭遇极端天气，选手失温晕倒，命悬一线时，一位放羊大叔先后救下 6 人，过程令人揪心又感动。这位放羊大叔是甘肃省白银市景泰县常生村村民朱克铭。当天，他在山顶放羊，早晨 10 点多，天开始下雨，气温越来越低，朱克铭停下来去附近窑洞避雨。朱克铭说他总在那一片区域放羊，之前还在窑洞里放了衣服、被褥和干粮。朱克铭听到求助声后循声走出窑洞，看到一群越野赛选手中有一位已经在抽搐。朱克铭立即把大伙带到窑洞里，又生起了几堆火。随后他跑到有信号的地方拨打了景区的救援热线。等候救援时，朱克铭多次到窑洞外观望，"看看救援队走到哪儿了"，他发现"前边有一团东西看不清"，仔细看原来是一名失温倒地的选手，大家赶忙把这名选手抬进了窑洞。经过烤火取暖，窑洞中的 6 名选手体力渐渐恢复。同时，救援人员也抵达了窑洞所在地，将 6 名选手带往安全地点。

事发之后，这位牧羊人朱克铭在网络上发布了一段话，其中一段是这么说的："其实我根本就没有做什么，只是干了一件很普通、很正常的事情"朱克铭推掉了很多采访，因为他觉得，救人是他作为一个人的本分。

三、住宿须注意的事项

（1）外出活动前，应带上自己的身份证和学生证，以备途中安全检查和住宿登记使用。

（2）旅途中需要住宿时，要选择安全、舒适、卫生的旅店，不要住不正规的旅店。不正规的旅店有的无营业执照、有的管理不善、有的营业项目和价格都不符合规定，还有的甚至敲诈勒索旅客。

（3）在旅店住宿时，要保管好自己的钱、物等，贵重物品要随身携带，一般行李可交旅店寄存处寄存。

（4）睡觉时注意关好门窗，外出时锁好门窗。

（5）如果在野外扎营，则应选择地势较高、视野开阔、干燥背风的地方；不要在干枯的河床或河岸上扎营；营地还应选在离水源近的地方；不要在有风的山顶、谷底和深不可测的山洞中扎营。如果过夜，可在帐篷的周围撒上石灰粉，防止野外的蛇、虫进入帐篷。生火做饭后要及时熄灭火种，防止发生火灾。

反观自我 〉〉〉〉〉〉〉〉〉〉〉〉〉〉

旅途中发现自己与同伴走散了，你该怎么办？

_____

_____

_____

知识拓展

在林区迷路了可以这样做

1. 回忆

立即停下，回忆走过的路，尽快确定方向。

2. 观察

看看四周的草，刚走过的路，草会被踩倒且方向向前，找到草倒的方向就有可能找到来时的路。

3. 到高处去

爬上最近的高大山坡，一可以确定自己的位置，二可以发现人活动的迹象。

4. 寻找水流

在林区，道路和居民点常常临水而建，沿着水流的方向走，就有可能找到人家，也容易走出林区。

◀ 学以致用 ▶

1. 旅途中的不安全因素有哪些？
2. 参加登山运动，必须明确哪两个观念？

第四课

旅途生病要当心

案例引入

小同跟着爷爷的考察队在山里已走了快5天了。这天，突然下起了大雨，还伴随着狂风。一位考察队的叔叔看小同穿得太少，就把自己的防风外套给了小同，叔叔自己只穿了一件薄薄的 T 恤衫。

不久，小同发现这位叔叔脸色发白、浑身发抖、口齿不清、走路不稳。他赶紧告诉了爷爷，爷爷一听，立即让队伍停下。由于在山路中，无法搭帐篷，所以他们只好在一处山崖下面用雨衣、树枝等临时搭建了一个篷子遮风挡雨。大家帮着爷爷把这位叔叔的湿衣服脱掉，给他换上干衣服，并用大毛巾包裹住他的头和面部，又让他钻进睡袋休息。小同还拿来自己最爱吃的巧克力给叔叔吃。这时，有个叔叔说："给他喝点酒吧，一会儿就暖和了。"爷爷一听，赶忙制止："这个时候千万不要给病人喝酒，喝了酒，血管扩张，原有的那点热量消失得更快，病人会觉得更冷，这个时候只能喝点热水。"

经过大家的精心照顾，这位叔叔的身体很快就恢复了，不久，又同大家一起继续赶路了。

知识探究

"出门在外无小事"，任何一个小问题的发生，都有可能导致大的事故。尤其是在旅途中，由于频繁地更换地点和改变生活环境，加上跋山涉水，需要消耗大量的精力和体力，全身各系统常常处在紧张和变化之中，即处于"应激状态"。机体一旦进入应激状态，体内环境的协调、平衡和稳定就会破坏，从而容易突发疾病。

一、旅途患病的应急处理

旅行中，遇到突发性的疾病，要根据不同情况采取相应的急救措施（越快处理，效果越好），然后想办法尽快前往医院救治。

旅途生病要当心

1. 关节扭伤

关节不慎扭伤后，切忌搓揉按摩，应立即用冷水或冰块冷敷15 分钟，然后用手帕或绷带包扎扭伤部位，也可就地取材，用活血、散瘀、消肿的药物外敷包扎，争取及早康复。

2. 晕倒昏厥

对于晕倒昏厥的患者，千万不可随意搬动，应首先观察其心跳和呼吸是否正常。如果患者的心跳、呼吸正常，则可轻拍患者并大声呼唤使其清醒；如果患者的心跳、呼吸异常则说明情况比较复杂，应使患者头部偏向一侧并稍放低，采取人工呼吸的方法进行急救，并向其他人求助。

3. 心源性哮喘

奔波劳累，常会诱发或加重心源性哮喘。对于心源性哮喘发作的患者，

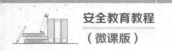

应使其采取半卧位，并用布带轮流扎紧患者 4 肢中的 3 肢，每隔 5 分钟一次，以减少进入心脏的血流量，减轻心脏的负担。

4. 心绞痛

有心绞痛病史的患者，外出游玩应随身携带急救药品。发生心绞痛后，应坐起来，不可挪动，并迅速服用急救药品，以缓解病情。

5. 胆绞痛

旅途中若摄入过多的高脂肪和高蛋白食物，容易诱发急性胆绞痛。患者发病时，应使其静卧于床，迅速用热水袋热敷患者的右上腹，以缓解疼痛。

6. 胰腺炎

有些人在旅游时喜欢走到哪里就吃到哪里，暴饮暴食，从而诱发胰腺炎。患者发病后，禁止饮水和进食，并及时到医院进行救治。

7. 急性肠胃炎

旅途中饮食或饮水不洁，极易引起各种肠道疾病，如出现呕吐、腹泻或剧烈腹痛等症状。同伴应立即将患者送往附近医院诊治，并将其呕吐物和腹泻物按防疫要求进行消毒处理，以防传播扩散。

二、旅途如何防"上火"

由于旅途中的饮食起居往往会打破原有的生活规律，很多人在旅途中会出现面部潮红、心绪不宁、食欲不振等症状，有的人的嘴唇、嘴角甚至脸上会起疱疹。这可能是人们常说的"上火"的相关症状，"上火"是旅途中最常见的疾病之一。

在旅途中注意以下几点，可以有效避免"上火"。

1. 做好充分准备

出发前对于旅游的路线、乘车的时间、携带的物品都要做好充分准备。这样无论遇到任何事情都能从容不迫、心境平和。

2. 生活有规律

旅游日程最好按平时的作息进行安排，按时起床、睡觉，定时定量进餐，不为赶时间放弃一顿饭，也不为一席佳肴而暴饮暴食。

3. 多吃清火食物，多喝水

旅途中应多吃新鲜蔬菜、水果，多喝水。尤其是夏天容易出汗，一定要多喝水，及时补充水分。

4. 注意劳逸结合

安排各种活动需适当，保证充足的睡眠，以免过度疲劳使抵抗力下降。

5. 对症下药

旅途中由于紧张劳累，机体的调节、免疫机能都可能有所下降，对外界不良因素的耐受能力也会减弱，一旦"上火"应及时治疗，切不可任其发展。

反观自我

你有旅游的经验吗？和同学们说一说你在旅途中是怎么做的。

_____

_____

_____

知识拓展

夏季出游，衣食住行注意事项

（1）夏季出游时，服装应以浅色、宽松为主，浅色、宽松的服装使人更凉快；旅途中要注意多喝水，多补充水分，一次不宜多饮，每天喝足 2000 毫升水。

（2）饮食以清淡为主，多吃苦瓜、丝瓜、冬瓜、黄瓜、绿叶菜、番茄等，有助于除湿利尿、清热解毒。适当食用一些醋，可防肠道病变。

（3）居住的地方要清洁卫生，经常通风换气，空调的温度不要过低。

（4）夏季清晨，凉风习习，气温不高，且空气清新，因此夏季出游以早行为宜。

学以致用

为什么旅游时容易患病呢？如果旅途中突然患病了，你该怎么办？

第五课

野外生存能自救

案例引入

在野外必须具备一些基本的常识，这些常识是我们日常生活中不常用到的，但在野外却可能是决定生死的关键。只有保障好了生存环境，才更能享受野外探险带来的快乐。

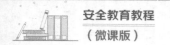
知识探究

想要安全地在野外活动，我们必须具备以下基本知识和技能。

一、维持生命

我们都知道，只要每天正常饮食，正常作息，正常支配体力和脑力，就可以维持生命，只有疾病、意外和衰老可以夺去生命。我们能够拥有这些基本的生存条件，是因为我们生存在社会中，整个社会机构的完美运作会给我们提供这些必需的生存条件。如果在野外，既没有现成的食物和水，也没有可以遮风挡雨的住所，我们每时每刻都有可能面临生存的问题，这时如何维持生命呢？这就要求我们必须学会从自然中找到可以利用的资源。

1. 饮水问题

在野外生存首先要解决的就是饮水问题，人体中的水分占体重的60%～70%。在野外，有雨水的时候接雨水，没有雨水的时候找河水，可以使用自带简易过滤器的水壶对雨水或河水进行过滤，大部分来自自然的水都可以入口。露营的时候，应尽量选择有水源的地方停靠，前往陌生的地点前一定要带够水。在沙漠或其他干旱地区，除了尽量节约宝贵的水资源以外，最好的方法是尽量搜寻植物，利用植物水来补充水源。在实在没有水源的情况下，哪怕是尿液也不能浪费，可以通过自制的过滤工具，将尿液过滤处理后变为可以饮用的水。

2. 住所问题

由于没有丰厚的毛皮保护，人类不适合露天就寝，即使是在气候比较温和的地带，人体也容易沾染寒气和湿气，身体较差的人随时都可能病倒。在野外最怕的就是生病和受伤，此外，还很容易遭遇各种动物的袭击。因此，在野外能够找到一个可以暂时庇身的处所非常关键。例如，在沙漠或极地等气候和各方面条件都异常恶劣的地区，帐篷和睡袋必不可少。如果做好了准备和考察工作，能够顺利地利用当地素材最好。例如，在沙漠中可以利用骆驼挡住大量风沙，让骆驼围在帐篷周围能够对抗沙尘暴；废弃的汽车等也能用来庇身。总之，不要放过任何可以利用的资源。

3. 饮食问题

饮食是维持人类生命体征的基本保障，虽然在一段时间内不进食并不一定会引发死亡，但是长时间不进食会导致人体机能下降，行动困难。幸好相对于水而言，饮食问题比较容易解决，除了个别极端情况，大部分情况下我们可以利用可食用的植物、动物等来维持补充人体需要的能量。饮食问题中火种和盐分的储备尤其重要，熟食利于消化而且食之不容易感染疾病；如果缺乏盐分，人体会出现各种不适，因此，到野外探险一定要尽可能地按预定行程携带一定量的食用盐和火种。

二、躲避危险

我们在野外遇到危险的概率要比在城市遇到危险的概率高得多，因为野外是没有被人类全面改造的自然环境，所以我们必须学会躲避某些危险的方法，降低在野外探险中受到生命威胁的概率。

1. 第一种危险来源：自然地理

自然环境中常常暗藏各种危险，在出行前一定要调查清楚可能遭遇的恶劣环境，然后根据相关环境预测可能遇到的危险，并做好自救方案。例如，去海边游玩时，可以穿上救生衣，一旦遇到危险，救生衣就能成为"保命筏"。

2. 第二种危险来源：动物袭击

一个聪明的野外生存专家，一定会根据所处的野外环境，随身携带几种常见的药物，如蛇药、抗生素、止血药等。此外，拥有丰富的动物学知识能够让人从粪便、脚印、叫声中判断出周围是否有大型野兽，并迅速确定合理的逃生路线，避开动物袭击。在野外，除了要防止动物袭击，还要防蚊虫叮咬。

3. 第三种危险来源：特殊气候

大自然的天气变化莫测，在野外随时可能遭遇危险的天气，所以在出行前一定要通过天气预报预估天气情况，明确当天气出现剧变时的应对方案，尽量不去过于危险的地区，一定要根据当地地形等因素提前做好防护准备。

三、寻找生机

在野外，面对人迹罕至、危机重重的大自然，稍有不慎就可能遇到危险，例如在沙漠中可能遭遇沙尘暴，在森林中可能遇到猛兽，在雪山上可能遭遇雪崩，在大海中可能遇上强风巨浪。

当我们在面对这些可怕的险境时，必须从危险中找到生机，改变自己所处的困难局面，保护好自己和同伴。

1. 第一种险境：受伤

受伤后最糟糕的状况是生命垂危，解决方法如下。

第一步是进行自救。先包扎好伤口，防止血液继续流失，同时进行简单的敷药处理，防止发炎。如果已经失去基本的行动能力，要尽力保持清醒，同时尽最大可能减少体力的消耗和伤情的加剧。

第二步是马上进行呼救。如果同伴在身边则可以依靠同伴。如果同伴受伤了，那么在给同伴进行包扎后，可以在原地进行标记。如果要去远处呼救，一定要将同伴转移到安全的地方，同时留下足够的水和食物。如果和同伴走散，自己遭遇受伤的情况，则可以用信号烟花、手机、对讲机等联系同伴或其他人，总之要尽快找到可以帮助自己的人。

第三步是尽快离开险地。最好是在条件允许的情况下立刻离开野外，回到有医疗条件的地方进行医治。

2. 第二种险境：迷路

迷路后最糟糕的状况是，特殊气候影响了对自然环境的观察，如当地有磁场干扰而导致指南针失效等，解决方法如下。

第一步是迅速使用一切可利用的工具与外界进行联系。可以尝试到比较高的地方寻找信号，或者主动燃放烟火等吸引其他人的注意。如果有探照灯，则可以在夜间到山顶发送求救信号。

第二步是快速检查食物和饮水储备，计算出最长维持时间，为下一步计划提供基本生存能力数据参考，同时尽可能收集环境线索，判断在物资耗尽的情况下，利用自然资源能够维持生命的时间。

第三步是运用指南针或其他方法确定离开的方向。指南针如果失效，则可以尝试观察自然界中植物的生长情况，朝南的一面往往树木发育得更好。注意在撤离时沿途做好特定的记号，方便识别和被同伴发现，也可以避免走重复的路线。

3. 第三种险境：断粮

断粮后最糟糕的状况是体力耗尽，解决方法如下。

第一步是迅速收集能收集到的水（如山泉水、露水等）和食物（如野生猕猴桃、野生梨等可食用的野果）。

第二步是在利用手机、指南针等工具对外求救的同时，迅速寻找离开野外的方法，尽快回到水和食物充足的地带。

第三步是注意回程路上可能发生的危险，尽量走开阔的地方，不走小路。

反观自我 　》》》》》》》》》》》》》》》》》

通过这一课的学习，你学到了哪些野外生存技能？

_____

_____

_____

知识拓展

火的引燃及实际应用

首先是要找到易燃的引燃物，如枯草、干树叶、桦树皮、松针、松脂、细树枝、纸、棉等。

其次是捡拾干柴。干柴要选择干燥、未腐朽的树干或枝条。要尽可能选择松树、栎树、柞树、桦树、槐树、山樱桃树、山杏树之类燃烧时间长的硬木，此类木材燃烧后火势大、木炭多。不要捡拾贴近地面的木柴，贴近地面的木柴湿度大，不易燃烧，烟多熏人。

最后是要清理出一块避风、平坦、远离枯草和干柴的空地。将引燃物放置在中间，上面轻轻放上细松枝、细干柴等，再架起较大较长的木柴，然后点燃引燃物。火堆的设置要因地制宜，可设计成锥形、星形、"井"字形、屋顶形、牧场形等。也可利用石块支起干柴，或把干柴斜靠在岩壁上，在下面放置引燃物后点燃。一般情况下，可以在避风处挖一个直径 1 米左右、深约 30 厘米的坑。如果地面土质坚硬无法挖坑，也可找些石块垒成一个圆圈，圆圈的大小根据火堆的大小而定，然后将引燃物放在圆圈中间，上面架上干柴后，点燃引燃物引燃干柴。如果引燃物将要燃尽时干柴还未燃起，则应从干柴的缝隙中继续添加引燃物，直到干柴燃起为止。

◀ 学以致用 ▶

1. 在野外想要维持生命，需要注意哪些方面？
2. 在野外万一断粮怎么办？

◆◆◆ 素质拓展 ◆◆◆

"做好当班的事"

李培生、胡晓春在安徽黄山风景区分别从事环卫保洁和迎客松守护工作，2012 年和 2021 年先后入选敬业奉献类"中国好人"。2022 年 8 月 13 日，习近平总书记给他们回信，对他们"长年在山崖间清洁环境，日复一日呵护千年迎客松，用心用情守护美丽的黄山"的敬业奉献精神给予充分肯定，对他们继续发挥"中国好人"榜样作用提出殷切期望。

绳索一头系在崖壁边的护环上，另一头系在腰间，打好结、扣上保险，待搭档踩稳绳索后，便手拉绳索，顺着崖壁向下滑去，在悬崖峭壁上捡拾垃圾；每天早上 7 点开始巡护观测工作，白天每隔两小时进行一次例行检查，监测松树枝丫、松针和树皮的情况，不漏掉任何变化……这分别是李培生、胡晓春的工作日常。这样的工作日常，李培生重复了 23 年，胡晓春也已坚持了 12 年。攀登于山石之上，行走于峭壁之边，以山为伴，与松为邻，他们日复一日、年复一年地坚守在自己的岗位上，用心用情守护着美丽的黄山。

志不求易者成，事不避难者进。悬崖垂直落差有十几层楼高，李培生刚开始放绳时，因为害怕，身体直哆嗦；一年 365 天，300 天住在山上，胡晓春也曾厌倦生活的单调。但对黄山、对工作的责任感，支撑着他们战胜恐惧和寂寞，兢兢业业投入每一天的工作中。23 年来，李培生累计放绳高度近 1800 公里，相当于攀爬了大约200座珠穆朗玛峰的高度。12年来，胡晓春写下70多本、累计超过140万字的《迎客松日记》。他们的坚守与付出，黄山记得，游客也感受得到。十几年来，迎客松依然苍翠挺拔，欢迎八方来客。目睹了捡拾垃圾的不易后，游客们纷纷点赞，还有家长以此教育孩子不能随手乱扔垃圾。李培生、胡晓春的敬业奉献精神如春风化雨，不仅为黄山如画风景做出了贡献，还带动了游客文明旅游。

峰奇石奇松更奇，云飞水飞山亦飞。黄山奇绝美景的背后，还有许多像李培生、胡晓春这样的守护者。在黄山景区，像李培生一样穿行在陡峭悬崖间的放绳工还有十几位，守松人传至胡晓春也已经是第十九任，还有其他环卫工人、防火队员等。虽然他们做着平凡的工作，但正是他们在日升月落中的忙碌、在寒来暑往中的坚守，让黄山美景常新、青松常在。正如习近平总书记在回信中所说：" '中国好人'最可贵的地方就是在平凡工作中创造不平凡的业绩。"在飞溅的焊花里点燃梦想，在大街小巷间往来穿梭，在流水线上辛勤忙碌，在广袤田野躬耕不辍……正是无数个默默无闻的坚守者、奋斗者，脚踏实地把每件平凡的事做好，才创造了属于自己的不平凡的人生，也成就了国家的繁荣发展。

收到习近平总书记回信时，李培生、胡晓春难掩激动之情。两位师傅表示，一定要"做好当班的事"。站在更宏阔的视野上看，实现中华民族伟大复兴的中国梦，同样需要每一个人"做好当班的事"。这是个人成长成才的途径，也是国家和民族的期待，更是时代赋予的使命。

（资料来源：《人民日报》，有删改）

讨论：
1. 你从李培生、胡晓春的事迹中学会了什么？
2. 在旅游过程中，应该如何维护旅游地环境？

社会篇

面对复杂社会，抵制致命吸引

在校期间，学生除了正常地学习、生活外，还要走出学校参加各种各样的社会活动。在这种情况下，学生作为弱势群体，往往成为犯罪分子伤害的对象。很多学生缺乏社会经验，尤其缺乏安全常识，因此，加强学生的安全教育，不断增强学生的安全意识和自我保护能力，已经成为社会的共识，具有迫切性和必要性。

学习目标

1. 自觉拒绝"黄赌毒"，树立正确的人生观。
2. 掌握预防沉迷网络的方法，抵御不良网络信息的侵害，健康上网。

第一课

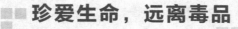
珍爱生命，远离毒品

案例引入

某市一位学业优秀的学生，因好奇初次尝试了毒品，此后便一发不可收拾，渐渐染上了毒瘾。为了支付昂贵的吸毒费用，他常常向亲戚朋友借钱，最后发展到偷父母的钱或卖掉家中的贵重物品。吸毒使他的学习成绩急剧下降，精神萎靡不振，表情麻木。最后，他因吸毒过量而被送至戒毒所强制戒毒。

知识探究

一、毒品

微课

珍爱生命，
远离毒品

1. 什么是毒品

根据《刑法》的定义，毒品是指鸦片、海洛因、甲基苯丙胺（冰毒）、吗啡、大麻、可卡因及国家规定管制的其他能够使人形成瘾癖的麻醉药品和精神药品。

2. 新型毒品与传统毒品的区别

新型毒品大部分是通过人工合成的化学合成类毒品，而鸦片、海洛因等传统毒品则主要是由罂粟等毒品原植物加工而成的半合成类毒品，所以新型毒品又叫"实验室毒品""化学合成毒品"。

新型毒品对人体主要有兴奋、抑制或致幻的作用，而鸦片、海洛因等传统毒品对人体主要起镇痛、镇静作用。

鸦片、海洛因等传统毒品的吸食者一般是在吸食前犯罪，由于对毒品的强烈渴求，为了获取毒品而去杀人、抢劫、盗窃；而冰毒、摇头丸等新型毒品的吸食者一般在吸食后会出现幻觉、极度兴奋、抑郁等精神病症状，从而行为失控造成暴力犯罪。

二、青少年吸毒的原因

对青少年最初接触毒品情况的调查发现，青少年吸毒的原因主要有以下几种。
（1）交友不慎，同流合污。
（2）盲目好奇，不加分析，消极效仿。
（3）不良家庭和社区环境的影响，造成心理发生畸变。
（4）追求享乐，寻求刺激，腐化堕落。
（5）受他人引诱、教唆、欺骗。

三、吸毒对人体健康的损害

吸毒对人体健康的损害是多方面的。
（1）吸毒损害人的大脑，影响中枢神经系统的功能。
（2）吸毒影响心脏、血液循环系统及呼吸系统的功能。
（3）吸毒者或其配偶生下的畸形儿屡见不鲜。
（4）吸毒导致人的免疫力下降，容易感染各类疾病。

四、青少年要远离毒品

毒品这种能暂时使人产生幻觉的东西，实际上是严重损伤人体、威胁生命的

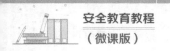

"白色恶魔"，是扼杀人类生命的杀手。毒品有极高的成瘾性，人一旦有了第一次尝试，接着就会有第二次、第三次，最终走上自毁之路，因此毒品一次也不能尝。

■ 素养提升 ■

缉毒警察的马赛克人生：当脸上不再有马赛克，意味着他们已牺牲

有这样一群人，他们习惯了籍籍无名，他们的脸出现在视频中时永远打着厚重的马赛克。因为一旦他们的身份信息被公之于众，往往就意味着他们已牺牲。他们是这个时代真正的无名英雄，他们有一个共同的名字——缉毒警察。

张子权，云南省临沧市公安局禁毒支队的一位民警，2020年12月15日，在一次外出侦办案件时因为过度劳累而突然倒地，最后抢救无效而牺牲，时年仅36岁。在缉毒岗位工作的9年，张子权参与侦办重特大贩毒案件158起，缴获毒品27.7吨，破获制毒物品案件46起，缴获制毒物品1186.2吨。张子权曾说："我没有刻意地选择这条路，但感觉自己就是要当警察。"他和他的两个哥哥都进入了公安队伍，而这一切也许都是深受父亲的影响，他拼命工作也是为了告慰父亲的在天之灵。张子权的父亲名叫张从顺，是当时镇康县公安局军弄派出所的所长。1994年，张从顺和战友一起侦办一起跨国贩毒案，毒贩暴力反抗时故意引爆手榴弹，张从顺为了保护战友不幸壮烈牺牲。

缉毒警察是和平时期伤亡率最高的警种之一，他们受伤的概率是一般警察的10倍。作为学生，理应了解毒品对于个人、家庭和社会的巨大危害，树立正确的世界观、人生观和价值观，远离毒品，从我做起！

反观自我 》》》》》》》》》

想一想你听到或见到的吸食毒品的案例，说一说你对毒品危害的认识。

_____

_____

_____

知识拓展

毒品对人的危害

1. 生理依赖性

毒品作用于人体，使人体产生适应性改变，形成在药物作用下新的平衡状态。此后，一旦停止使用毒品，生理功能就会发生紊乱，出现一系列严重的戒断反应，这种戒断反应会让人感到非常痛苦。吸毒者为了逃避这种痛苦，就会定时吸毒，并且不断加大剂量，最终离不开毒品。

2. 精神依赖性

毒品进入人体后作用于人的神经系统，使吸毒者出现一种渴求用药的强烈欲望，驱使吸毒者不顾一切地寻求和使用毒品。

吸毒者一旦出现精神依赖，即使经过脱毒治疗，在急性期戒断反应基本控制后，要完全恢复原有生理机能往往也需要数月甚至数年的时间。更严重的是，对毒品的依赖性难以消除，这是许多吸毒者持续吸毒的原因，也是世界医学界、药学界尚待解决的难题。

3. 人体机理危害性

海洛因属于阿片类药物。在正常人的脑内和体内的一些器官中，存在着内源性阿片肽和阿片受体。在正常情况下，内源性阿片肽作用于阿片受体，调节人的情绪和行为。

人在吸食海洛因后，抑制了内源性阿片肽的生成，身体逐渐形成在海洛因作用下的平衡状态，一旦停用海洛因就会出现不安、焦虑、忽冷忽热、起鸡皮疙瘩、流泪、流涕、出汗、恶心、呕吐、腹痛、腹泻等症状。这些痛苦反过来又促使吸毒者为避免痛苦而千方百计地维持吸毒状态。

冰毒和摇头丸在药理作用上属于中枢兴奋药，会毁坏人的神经中枢。

学以致用

1. 青少年吸毒的原因有哪些?
2. 为什么毒品一次也不能尝?

第二课

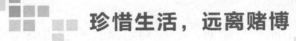

珍惜生活，远离赌博

案例引入

某市一位学生经常用父母给的零花钱去玩赌博机，结果上了瘾，经常旷课逃学，从偷父母的钱到拦路抢劫同学的钱去玩赌博机，最后辍学且走上了违法犯罪的道路。

知识探究

《刑法》第三百零三条明文规定了"赌博罪"，禁止任何以营利为目的的赌博行为。但是，青少年赌博却时有发生。

一、青少年赌博的主要原因

社会上赌博风气盛行是青少年学生参加赌博活动的主要原因。禁赌一般是禁大型赌博活动，以至于有些人认为小赌是合法、正当的。在一些地方，赌博活动成了一种社会时尚，它潜移默化地影响着青少年。此外，有的成年人，特别是一些青少年的父母赌博，也对青少年造成了一定的影响。久而久之，青少年慢慢地学会了赌博。

微课

珍惜生活，
远离赌博

从青少年自身来说，他们缺乏判断能力，是非观容易混乱，不能正确地认识赌博的危害。同时，赌博具有新奇性，能吸引他们。因此，就像玩其他游戏一样，青少年对赌博容易上手，而且上手后不易放下。

二、青少年赌博的危害性

大量事实证明，参与赌博的青少年学习成绩都会有不同程度的下降，而且陷入赌博的程度越深，学习成绩下降得越严重。

另外，由于赌博的结果与金钱、财物的得失密切相关，因此参与者往往全力以赴，精神高度紧张，精力消耗大。经常参与赌博会诱发严重的失眠、精神衰弱、记忆力下降等症状。同时，参与赌博还会严重损害人的心理健康，造成心理素质下降。赌博参与者的道德品质也会下降，社会责任感、耻辱感、自尊心都会被严重削弱，他们甚至会为了赌博而违法犯罪。

再者，赌博会使青少年把人与人之间的关系看成赤裸裸的金钱关系，逐渐成为自私自利、只注重金钱、见利忘义的人。

三、青少年怎样避免沾染赌博恶习

（1）青少年自己不能参与赌博，还应劝阻家长不能沾染赌博这一恶习。

（2）青少年要避免染上赌博的毛病，还应纠正两种错误思想：一种是"玩小不玩大"，即认为"输赢的钱不多，没关系"，其实不然，赌徒是由小赌发展到大赌的；另一种是"不好意思拒绝"，聚众赌博是违反《治安管理处罚条例》的，在关系到违法与不违法的是非面前，不能糊涂。

四、抵制赌博的正确方式

抵制赌博的正确方式是"坚持原则，灵活应对，加以制止"。

1. 坚持原则

坚持原则即在任何时候、任何场合、任何情况下，不管是同学还是朋友怂恿自己赌博，都坚决不参加。

2. 灵活应对

灵活应对即在别人怂恿自己参与赌博时，要找出各种理由，甚至是借口加以拒绝。

3. 加以制止

发现同学或朋友参与赌博时，要从关心、帮助的角度出发，采取适当的方法进行劝阻，若无效果，则可向老师和学校报告，及时挽救他们。

反观自我 ⟫⟫⟫⟫⟫⟫⟫⟫⟫⟫⟫⟫

你身边有没有赌博的现象？如果有，你应该怎么做？

_____

_____

_____

学以致用

如果有人请你玩赌博机，你该怎么办？

第三课

守护健康，远离烟酒

案例引入

部分成人对烟酒的嗜好往往容易让日渐成长的青少年误以为吸烟、喝酒是成熟的象征。丁丁在朋友、同伴的劝说下，与烟酒有了第一次接触，此后就迷上了烟酒。虽然他尝试了"当大人的味道"，但不幸的是，在一次体检中，丁丁被确诊为早期肺癌。可见，烟酒给丁丁带来了可怕的灾难。

知识探究

一、青少年吸烟、喝酒的原因

1. 好奇和模仿

相关调查显示，大多数青少年开始吸烟、喝酒是出于好奇，觉得好玩，还有一些则是出于模仿、伙伴的劝诱。在心理还未成熟的阶段，他们认为自己吸烟、喝酒不仅拉近了与朋友之间的距离，也是自身成熟的标志。

2. 交往心理

有些成人为了办事顺利、联络感情，常以烟酒引路，这种不良风气对青少年也产生了一定的影响。甚至有些人认为人与人之间相互敬烟、敬酒可使人产生亲近感，减少障碍，提高办事效率"。

3. 压力无处宣泄

超出承受能力的作业量、不加解释的强制性命令、不切实际的过高要求等，这些对青少年来说都是沉重的压力。当这些压力无处宣泄时，他们便借吸烟、喝酒来消愁，试图在烟酒的刺激中得以解脱。

二、烟酒对身体的危害

（1）二手烟对人的气管会产生强烈的刺激，带来损伤，容易引起气管炎。长期吸烟，这种刺激和损伤就会由气管发展到肺，甚至可能从一般的炎症发展为癌症。

（2）二手烟含有各种有害物质，如尼古丁，尼古丁的毒性很大，一定量的尼古丁足以致人死亡。

（3）据统计，吸烟的人得呼吸道疾病、患肺癌的概率要比不吸烟的人高得多。

（4）酒会损伤人的大脑、胃、肝等器官。长期大量饮酒，不仅会对消化器官造成伤害，甚至会诱发肝大、肝硬化。

（5）大量饮酒会使人头昏，走路、行动都不自主，说话不清，思维迟钝。

反观自我 〉〉〉〉〉〉〉〉〉〉〉〉〉〉〉〉〉

你有吸烟、喝酒的习惯吗？如果有，学完此课后你会怎么做？

_____

_____

_____

知识拓展

香烟的主要成分

1. 尼古丁

尼古丁是香烟烟雾中极活跃的物质，毒性极大，而且作用迅速。40～60毫克的尼古丁具有与氰化物同样的杀伤力，能置人于死地。尼古丁是令人产生依赖从而成瘾的主要物质之一。

2. 焦油

焦油在香烟点燃时产生，其性质与沥青并无多大差别。有分析表明，焦油中约含有 5 000 种有机和无机的化学物质，是致癌元凶。

3. 亚硝胺

亚硝胺是强致癌物质。香烟在发酵过程中及在点燃时会产生亚硝胺。

4. 一氧化碳

吸烟时，烟丝并不能完全燃烧，因此会有较多的一氧化碳产生。一氧化碳与血红蛋白结合，会影响心血管的血氧供应，促使胆固醇增高，也会间接导致某些肿瘤的形成。

5. 放射性物质

香烟含有多种放射性物质，其中以钋 210 最为危险，它可以放出 α 射线。

除了上述有害物质之外，香烟中的有害物质还有苯并芘，这是一种强致癌物质。另外，香烟中的金属镉、联苯胺、氯乙烯等，对癌细胞的形成也会起到推波助澜的作用。

学以致用

请说说烟酒对人体有哪些危害。

第四课

学会自制，切莫沉迷于网络

案例引入

一天，在天津市某 24 层高楼顶上，一名 13 岁男孩双臂平伸、双脚交叉成飞天姿势，纵身跃起，向东南方向的大海"飞"去。这不是电影镜头，也不是网络游戏情节，而是一幕真实的惨剧。

在离新年的钟声敲响还有 4 天的日子时，这名沉迷于网络游戏难以自拔的男孩，选择以一种极端的方式离开了这个世界，把无限的痛苦和思念留给了他的亲人。

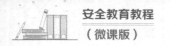

知识探究

党的二十大报告指出："推进国家安全教育体系和能力现代化，坚决维护国家安全和社会稳定。"网络安全是国家安全的重要组成部分。网络不仅是一个信息的宝库，同时也是一个信息的垃圾场。网上各种信息良莠不齐、真假难辨，一些不良信息对于一些是非辨别能力、自我控制能力和选择能力都比较弱的青少年来说，会造成极大的负面影响，一些青少年甚至因此走上犯罪道路。

一、青少年沉迷于网络的原因

1. 猎奇心理的驱使

青少年正处于成长阶段，自我控制能力较差，辨别是非的能力不强，面对纷繁复杂的社会，他们充满了猎奇心，渴望尝试新鲜事物，了解社会、参与社会。虚拟、不设防的网络恰好为他们提供了这一空间，使他们把虚拟网络和现实生活混为一谈。

2. 抵挡不住游戏的魅力

青少年的知识、心理、人生观、价值观及意志力都处在薄弱的培养时期，而网络游戏的画面和声音效果、游戏情节，能够让人在玩的过程中领略现实生活中无法感受的惊险、紧张与刺激。网络游戏的互动性、仿真性和竞技性，又使玩网络游戏的人在虚拟的环境里与不同的人，在同一时刻，为同一个目标，或合作、或对抗、或较量，从中领略现实生活中感觉不到的力量和智慧，得到现实社会中无法实现的自我肯定及他人的认可，从而获得心理上的满足。

因此，对于意志力薄弱的青少年来说，其一旦接触网络游戏，往往就会被它吸引、征服，甚至患上"网络成瘾症"，整日沉溺其中，荒废学业，不能自拔。

3. 少数不良网吧（咖）的诱导

虽然我国对未成年人进入网吧（咖）等互联网服务营业场所做了严格的限制，但一些不良网吧（咖）仍可登录含有不健康内容的网站，使具有强烈猎奇心理的青少年无法抵御网络游戏的魅力和诱惑，以及黄色网站对他们灵魂的侵蚀，最终成为网络时代的牺牲品。

二、沉迷于网络的危害

青少年如果沉迷于网络，容易变得孤僻、冲动和狂躁，对学习逐渐失去兴趣，身心健康受到严重损害。

（1）长时间上网容易导致疲劳，影响青少年的身心健康。

（2）沉迷于网络容易使青少年脱离现实，深陷虚拟世界，迷失自我，难以自拔，精神空虚，荒废学业，甚至诱发各种违法犯罪行为。

案例警示

　　李栋在同学的带领下，怀着猎奇心第一次涉足网吧，开始玩简单的网络游戏，从此他常常晚归，有时甚至夜不归宿。在网络游戏的魅力面前，家长的阻止和老师的教诲显得不堪一击。最终，他因寻找到网吧消费的经济来源，冒充公安局实习警员，抢劫董某（15岁）的手机一部，后又威胁董某打电话叫来其同学于某，劫取现金50元和高档自行车1辆（价值人民币1510元），后被警察抓获。

　　（3）引发家庭矛盾，影响父母与子女的关系。

案例警示

　　王某在9岁那年，父母因感情不和而离婚，父母的离异在她幼小的心灵上留下了无法弥补的创伤，和睦美满的家庭破碎后，她开始沉迷于网络，成绩一落千丈。父亲知道后对她进行生硬的说教和指责，对此早已不耐烦的她，每一次都是默默地听着，可心里认为自己永远也无法与父亲沟通，最终心理上的巨大压力使她和父亲决裂。

三、如何摆脱对网络的依赖

　　要使青少年摆脱对网络的依赖，必须依靠家庭、学校、政府、社会等多方面的监管、引导和教育；青少年也应该加强自我约束，提高自身素质，树立健康积极的人生态度。

1. 家庭

　　家长要引导青少年正确上网、健康上网，控制上网时间，培养青少年的自控能力和广泛的兴趣爱好，促进青少年的身心健康。

2. 学校

　　学校应全面贯彻教育方针，落实校规，加强管理，防止学生逃学；重视学生品德和法制教育，加强学生网络道德、文明教育，增强学生对不良网络信息及其他一切不良文化的抵抗力；加强文化设施建设，开展各种文化活动吸引学生，让学生远离不良网吧（咖）。

3. 政府

　　政府依法规范文化市场，加强监管力度，关闭不良游戏，开展健康上网、拒绝成瘾等教育活动；建设绿色上网场所，创造条件让青少年积极参与各种健康有益的文化活动和道德实践活动；鼓励开发绿色网络产品。

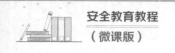

4. 社会

全社会共同参与管理，加强舆论监督；开展多种形式的精神文明创建活动，营造良好的文化环境。

5. 青少年自身

（1）依法自律，不进营业性网吧（咖）。

（2）听从老师和家长的教导和监督，不浏览不良信息，文明上网。

（3）自觉遵守法律和法规，充分认识网瘾的危害和学习的重要性。提高个人素质，参加各种有益的活动，转移注意力，培养健康人格。

（4）合理利用网络资源，控制上网时间，选择健康内容，不沉迷网络。不模仿网络游戏中不健康的内容，自觉抵制不良文化，并同各种违法行为和损害精神文明的行为做斗争。

四、如何抵御不良网络信息的侵害

1. 提高对网络信息的辨别能力

青少年要提高对网络信息的辨别能力，避免不良网络信息的侵害，主要方法如下。

（1）安装比较成熟的网络防护软件。

（2）对浏览器进行分级审查设置。

（3）浏览网页时，不要点击广告窗口。在打开网站时，对于自动弹出的一些广告窗口应及时关闭。

（4）坚信"天下没有免费的午餐"，对于网络中"送大礼""点击赚收益"等诱惑要保持清醒的头脑，不上当、不点击。

做到上述要求，青少年就可以有效抵御一些不良网络信息的侵害。

2. 利用可以信赖的搜索引擎

利用良性的搜索引擎可以有效搜索需要的信息，达到事半功倍之效，因此，青少年一定要掌握一些常用的搜索引擎使用方法。

3. 记住对自己有帮助的网站

青少年使用自己的计算机上网时，可以利用收藏夹便捷地收藏对自己有帮助的网站；在公共场所上网时，可以利用邮箱等记录对自己有帮助的网址，以便下次方便快捷地查找这些网站。同时，教师可以组织开展一次以常用网站为主题的班会，让青少年了解哪些网站对学习、工作有益，讨论这些网站包含哪方面的信息，如何利用这些信息等，通过讨论帮助青少年学会搜索、鉴别，引导青少年关注绿色网站。青少年可以为自己制作一份上网浏览计划书，将较为著名的大型门户网站、对自己有帮助的绿色网站作为浏览首选。

4. 不安装不成熟和来历不明的软件

有些不良网络信息会附带在某些软件上，只要安装了这种软件，在使用时便会出现大量的不良信息，青少年必须警惕此类不良软件。不安装不成熟和来历不明、存在风险的软件，以免软件携带的病毒危害计算机系统。上网注册填信息时，不要随意公布自己的电话、学校、邮箱等隐私信息，避免垃圾邮件、垃圾短信等不良信息的侵扰。

近年来，发现多起通过青少年的电话对其家长进行诈骗的案件，为了减少家长上当受骗，青少年在登记自己的个人信息时应特别谨慎。有些单位和个人以开展调查问卷、有奖办理银行卡等为由，登记顾客个人信息，并将顾客个人信息，如工作单位、职业、电话号码等贩卖给他人，给不法分子可乘之机，对青少年家长进行欺诈，或向青少年发布不良信息，给青少年及其家庭造成极大的负面影响。

五、青少年上网的安全策略

1. 合理取舍网络信息

青少年上网应以学习信息处理方法，锻炼交流能力和对社会的适应能力，培养信息素养为目标。通过互联网，青少年可以学习如何检索、核对、判断、选择和处理信息，以达到对信息的有效利用。

2. 正确对待网络游戏

网络是一种学习和工作的工具，也是一种娱乐工具。目前，部分青少年对网络的兴趣往往不是源于网络上丰富的学习资源，而是源于对网络游戏的热衷。因此，引导青少年正确对待网络游戏、激发青少年正确的学习动机显得十分重要。青少年处于学习知识的重要阶段，应把计算机作为一种辅助学习的工具，而不是作为高级的游戏机。喜欢玩游戏的青少年如果想自己编出更好玩、更有趣的游戏程序，那么从现在开始就要努力学习计算机知识，努力成为一名出色的游戏程序设计师。

3. 网上交友须谨慎

目前，在网上聊天交友已成为一种常见的青少年的社交方式。但是，有的青少年因迷恋网络而影响正常的学习，导致学习成绩下降；有的青少年沉迷于虚拟的网络交往，影响了在现实生活中与父母、老师、同学的交流；有的青少年甚至陷入不切实际的网恋不能自拔。因此，青少年在网上交友须谨慎，应正确处理虚拟和现实的关系。

4. 增强自控能力，加强自我保护和约束

青少年要慎重选择上网场所、上网时间、上网浏览的内容，必要时可以采取限时措施，每次上网控制在 1～2 小时，坚决抵制不良网站的侵袭；上网时要保持高度警觉，不要理会陌生人的搭讪，谢绝陌生人的盛情邀请，回避陌生人的无理要求，规避恶意网站、不良网络游戏、不良网吧（咖），以及"黑客"教唆陷阱、邪教陷阱、网恋陷阱、淫秽色情陷阱等，防止遭受非法侵害。

六、青少年使用网络应自觉遵守的道德规范

（1）自觉避免沉迷于网络。适度地使用网络对学习和生活是有益的，但长时间沉迷于网络对人的身心健康有极大损害。现实中一些青少年沉迷于网络不能自拔，耽误学业，甚至放弃学业或导致家庭关系破裂。值得人们警惕的是，沉迷于网络尤其是网络游戏已成为近年来青少年刑事犯罪率升高的重要原因之一。青少年应当从自己的身心健康发展出发，学会理性对待网络。

（2）培养网络自律精神。网络的虚拟性及行为主体的匿名性大大削弱了社会舆论的监督作用，使得道德规范所具有的外在压力的效用明显降低。在这种情况下，个体的道德自律成了维护网络道德规范的基本保障。"慎独"是一种很高的道德境界，信息时代十分需要，青少年在网络生活中要培养自律精神，在网络空间里保持自律。

（3）进行健康网络交往。网络已成为一种人际交往的媒介和工具。人们可以通过网络收发邮件、实时聊天、开展视频会议、留言交友等。网络交往要做到诚实无欺，青少年不应该通过网络进行色情、赌博活动，更不能在网络上侮辱、诽谤他人，应通过网络开展健康有益的交往活动，在网络交往中树立自我保护意识，不要轻易相信、约见网友，避免上当受骗。

（4）正确使用网络工具。青少年要遵守网络法规，尊重民族感情，遵守国际网络道德公约，具体应做到：不涉足不良网站，不浏览不良内容；不用计算机去伤害他人；不侵扰别人的计算机；不窥探别人的文件；不用计算机进行盗窃；不用计算机做伪证；不违规使用或复制需要付费的软件；未经许可不使用他人的计算机资源；不当黑客；不利用网络偷窥他人隐私；不对英雄人物和红色经典作品进行恶搞；不违规修改任何网络系统文件；不破坏任何系统，尤其不要破坏他人的文件或数据；不在网上发布虚假信息，实施坑蒙拐骗、敲诈勒索等行为。

七、网络违法犯罪心理

网络违法犯罪所具有的高智能性、高隐蔽性等特点，对计算机专业人员和青少年具有诱惑性。据统计，当今世界上发生的网络犯罪案件，70%～80%是专业人员所为。从我国的情况来看，在作案者中，计算机工作人员也占70%以上。网络违法犯罪趋于知识化、年轻化。国外已经发现的网络犯罪案件中，罪犯年龄在18～40岁的占80%，平均年龄只有23岁。可以说，青少年是网络违法犯罪的高危人群，更应该特别注意预防产生网络违法犯罪心理。网络违法犯罪主要由以下几种心理驱使。

1. 猎奇和尝试心理

有些人学会了使用网络，就想做新的尝试，想试试自己能否破解别人设

置的密码，从此一发而不可收。

2. 恶作剧心理

有些人缺乏社会责任感和自我约束能力，法纪观念淡薄，把网络违法犯罪当成恶作剧，专门捉弄别人。

3. 畸形智力游戏心理

有些人自恃身怀计算机绝技，把网络当成展示高智商的天地，解密攻关成瘾，专门挑战军事部门、政府机关，进行非法揭秘活动。

4. 侥幸心理

有些人认为利用网络做违法犯罪的事不会留下痕迹或证据，认为执法机关精通网络的人不多，未必能侦破案件，便利用网络做违法犯罪的事。

5. 报复心理

有些人因为与人有矛盾或感到遭受不公正的对待等情况，通过网络实施报复。

6. 图财牟利心理

一项研究表明，促使犯罪者实施网络违法犯罪活动的最主要的因素之一是个人财产上的获利。

反观自我

你的身边有沉迷于网络的同学吗？说一说你对此的看法。

_____

_____

_____

知识拓展

长时间使用计算机的危害

1. 直接影响身体健康

计算机伴有辐射与电磁波，长期使用会伤害人的眼睛，诱发眼部疾病，如青光眼等；长期敲击键盘会对手指和上肢不利；操作计算机时，坐姿很少有变化，高速、单一、重复的操作容易导致肌肉骨骼系统的疾病。

计算机产生的低能量的 X 射线和低频电磁辐射，也容易引起人的中枢神经失调。一项办公室电磁波研究证实，计算机屏幕产生的低频辐射与磁场可导致 719 种病症，包括眼睛痒、颈背痛、短暂性失忆、暴躁及抑郁等。

此外，计算机还会释放对人体健康有害的臭氧，其不仅有毒，而且可造成某些人呼吸困难，对于那些有哮喘病和过敏症的患者来说，情况更为严重。另外，较长时间待在臭氧浓度较高的地方，还会导致肺部发生病变。

2. 增加生理压力和心理压力

在长期操作计算机的过程中，人的注意力高度集中，眼睛、手指快速频繁运动，使生理、心理负担过重，从而导致失眠多梦、神经衰弱、头部酸胀、机体免疫力下降，甚至会诱发一些精神方面的疾病。这易使人丧失自信，时常紧张、烦躁、焦虑不安，最终导致身心疲惫。

3. 导致网络综合征

长时间无节制地花费大量时间和精力在互联网上持续聊天、浏览，会导致各种行为异常、心理障碍、人格障碍、交感神经功能部分失调，严重者可发展为网络综合征。网络综合征的典型表现为情绪低落、兴趣丧失、睡眠存在障碍、生物钟紊乱、食欲下降和体重减轻、精力不足、自我评价降低、思维迟缓、不愿意参加社会活动、很少关心他人、饮酒和滥用药物等。

学以致用

1. 如果有好朋友拉你去网吧（咖）玩网络游戏，你该怎么做？
2. 怎样做才能避免沉迷于网络呢？说说你的看法。

◆◆ 素质拓展 ◆◆

行走在刀尖上的缉毒警察：坏的是毒品，不是人性

穷凶极恶、铤而走险、瘾君子、亡命徒，这是人们对毒贩的印象，而与他们暗中对峙、正面交锋的缉毒警察可谓"行走在刀尖上的人"。北京市公安局东城分局禁毒大队常警官工作近22年，他拿下过"狠案子"，也遇到过"大遗憾"，直面过凶险，也在情感上纠结过。外行人对这份职业表现出来的是好奇，而在他看来，这份工作最大的特点是"辛苦"，激战虽然有，但更多的日常是孤独而紧张的等待、坚持。对他而言，只有完结的案子和未完结的案子，节假日反而是个陌生词。

"我的从业经历很简单，工作20多年，只干过一个警种，就是缉毒。（我）从侦查员一步一步（干）到探长，再到中队长、副大队长。"常警官用"干一行爱一行"来形容自己的状态。曾经他也有调去其他部门的机会，但是他总说"不走"。

常警官介绍，他毕业于北京体育大学，在进入警察队伍前，对缉毒警察最多的认知来自上大学时看的电视剧《永不瞑目》，那会儿他对缉毒警察的感觉估计和现在大家对缉毒警察的感觉一样，也有很多的问号，感觉很神秘。抓捕的场面真的有那么紧张刺激吗？为了搞清楚毒贩和谁交接，要蹲那么久？没想到后来自己竟然成了电视剧里的那类人。

常警官刚进入缉毒大队时没经验，理论学习只是一部分，重要的还是要靠师傅们传、帮、带。而且那时候的侦查手段单一，就是靠眼睛和腿当侦查对象的"影子"。只要嫌疑人出了家门，无论嫌疑人是吃饭、买东西，还是陪女朋友逛街，他们一

刻不敢眨眼，神经紧绷，天天围着嫌疑人转，自己的吃喝拉撒节奏也全部乱套了。

常警官讲述，记得有一次在一个毒贩家楼下蹲守时，不仅带了食物和水，还备了几个空瓶子。水用来喝，空瓶子用来排便，当时北京正值仲夏，即使是30℃的高温也不敢开空调，窝在车里整整4个小时，汗流浃背，气味一言难尽，而这种情形是常态。

常警官形容，缉毒警察和毒贩之间就像猫和鼠，他跑我追，他打的洞再多，最后都躲不过好捕手。缉毒警察无论是外围侦查，还是到案抓捕，都要靠丰富的经验、缜密的判断、战友的配合和群众的支持，即便如此也不可能百分之百成功。

随着国家打击毒品的力度加大，涉毒人员生存空间越来越小，他们清楚如果被抓，等待他们的刑罚会很重，所以他们面对缉毒警察时总是抱着一种拼命的态度。因此，作为一名缉毒警察，随时都要做好流血牺牲的准备。

"在抓捕一名毒贩时，他想翻墙逃跑，我紧追上去从身后把他拽了下来，他挥舞着利器反抗，我全力把他压住，等支援的同事来后我们一同把他制服。"常警官回忆，制服后才看清楚对方挥舞的是一把军用立体三棱刺刀，刀刃带血槽，有着致命杀伤力。现在想起来都让人后怕，至今他仍记得那把刀挥来的情形，这警示着他危险一直都在。

即便如此，常警官始终认为坏的是毒品，不是人性。很多人吸毒是因为一时贪念或误入歧途，后来以贩养吸，形成恶性循环。他们之中有的人对毒品的憎恨不比我们少，他们也不恨警察，因为他们也想过正常的生活。

曾经有一个嫌疑人不仅自己吸毒，从外地开车回京时还受人委托带了毒品，被查后因运输毒品罪获刑。"他出狱后过了几年还来找过我，大意是自己现在走上正途了，还在外地开了一家旅游公司，混得不错。"常警官说。戏剧性的是，2012年前后，他再次被常警官抓获，两人碰面的瞬间他十分尴尬。"一个大老爷们儿抬不起头，而我的内心又气、又惋惜，终归他还是要因此付出代价的。"每每接到曾经抓获的嫌疑人改邪归正后打来的报喜电话，常警官心里还是会忐忑，不是不愿意听到他们的消息，只是觉得没有消息就是最好的消息。

缉毒20多年了，常警官不想炫耀自己有多么厉害，面对工作调动的机会他仍然没动心。"因为热爱缉毒，我愿意继续干下去，我还有很多劲儿可以使。"常警官说，如果自己不能继续干，别人也要干，他就想用这么多年的经验多带几个徒弟出来。

（资料来源：人民资讯，有删改）

讨论：

1. 结合材料分析常警官身上的哪些品质值得我们学习。

2. 现在流于市面的毒品种类和包装多种多样，我们应该如何防范？

职场篇

实现人生价值，走向美好未来

"安全第一、预防为主、综合治理"是我国的安全生产方针，职业安全卫生状况是国家经济发展和社会文明程度的标志，保障劳动者在工作过程中的安全与健康是保持社会稳定和经济持续发展的重要条件，也是全面建成社会主义现代化强国、实现第二个百年奋斗目标的有力保障。学生在学校里学习基本职业安全知识，不仅可以在学校的实训学习中保障自己的安全，也可以为未来职业生涯的安全打下良好的基础。

学习目标

　　1. 强化职业技能安全知识，塑造职业核心能力。

　　2. 提前形成科学的职业认知，树立正确的职业价值观，从而更好地选择职业，健康从业。

第一课

了解安全技术

案例引入

　　案例一：某厂电工李某正在抢修配电设备，当他侧身歪头去检修一根电缆时，头部不慎碰到另一台正在运行的设备的刀闸，万幸的是，李某戴了安全帽，避免了一起头部撞伤和电灼伤的惨痛事故的发生。

　　案例二：某校学生刘某到某钢厂实习。一日，钢厂3号化铁炉出铁时，刘某站在师傅旁边观看出铁情况。出铁过程中，因铁液潮湿、突然爆炸，铁花飞溅，刘某因未戴防护镜，右眼溅入绿豆大小的铁珠，他当即大声痛叫并用双手捂住右眼，师傅迅速送刘某到医务室并转至医院治疗。因铁珠温度过高和飞溅冲击力太大，刘某右眼眼球被严重灼伤，经过一个多月的治疗，他的右眼还是失明了。

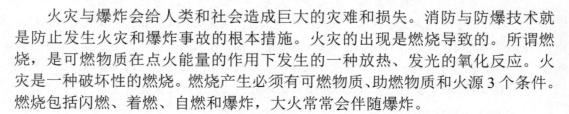

知识探究

一、机械伤害与安全防范措施

机械伤害是指机械加工过程中引起的伤害。在工业生产中，机械伤害占相当大的比例，在职业事故中的伤害大约有 20% 来自机械伤害。机械伤害包括机器工具伤害（包括辗、碰、割、戳等）、起重伤害（包括起重设备运行过程中所引起的伤害）、车辆伤害（包括挤、压、撞、倾覆等）、物体打击伤害（包括落物、碎裂物、崩块等引起的伤害）。

我们想要减少和消除机械伤害，应采取以下安全防范措施。

（1）采取隔离的方法，即把人与可能伤害人的事物隔离开来。

（2）采用闭锁的技术，如金属冲床的闭锁装置。

（3）采用个体防护的方法，即操作者利用工装、工具进行有效防护。

（4）严格遵守操作规程。

（5）实现机械本质安全化，即自动停机、连锁等。

（6）信息警示，即出现危险后，自动发出声光警报。

二、电器伤害与安全防范措施

电器伤害事故大体分为以下 5 种形式。

（1）电流伤害事故：人体触及带电体所造成的人身伤亡事故。

（2）电磁伤害事故：机械设备、电器造成的辐射伤害事故。

（3）雷击事故：属于自然灾害，是自然因素造成的。

（4）静电事故：生产过程中产生的静电引发的事故，例如塑料和化纤制品摩擦容易产生静电，严重时可引起爆炸和火灾。

（5）电气设备事故：电气设备的绝缘层失效或机械故障造成打火、漏电、短路而引发触电、火灾或爆炸事故。

防止电器伤害事故的发生，必须从掌握用电技术、严格管理、学习电器知识、电气设备本质安全化、采用安全防护和安保措施、电器事故发生后的自救和互救等方面做工作。

三、工业防火与防爆

火灾与爆炸会给人类和社会造成巨大的灾难和损失。消防与防爆技术就是防止发生火灾和爆炸事故的根本措施。火灾的出现是燃烧导致的。所谓燃烧，是可燃物质在点火能量的作用下发生的一种放热、发光的氧化反应。火灾是一种破坏性的燃烧。燃烧产生必须有可燃物质、助燃物质和火源 3 个条件。燃烧包括闪燃、着燃、自燃和爆炸，大火常常会伴随爆炸。

工业中常见的防火、防爆措施如下。

（1）控制可燃物质。

（2）采用安全生产工艺。

（3）严格控制火源。

（4）考虑安全距离、防爆距离。

（5）加强消防措施和管理。

四、搬运作业安全

工业中的搬运作业是通过人力和机械来实现的。生产过程中常常由各种起重设备完成原材料、产品、半成品的装卸搬运，进行设备的安装和检修。在搬运过程中如果忽视了安全，很容易出现倒塌、坠落、撞击等重大伤亡事故。如果起重设备起吊装满熔化金属的耐温锅或酸、碱溶液罐时，出现钢缆断裂、吊物倾落，就会引发爆炸、火灾和重大伤亡，造成特大事故。据统计，起重机械事故约占生产性事故的20%。因此，从事搬运工作时应特别注意安全。

保证搬运作业安全要做到：坚持起重机操作人员须经培训、考核，持特种工种证才能上岗的原则；经常检查安全装置，检查装置是否配备超负荷限制器、行程限制器、缓冲器、力矩限制器、制动器、连锁装置、防护装置等；掌握主要安全部件故障排除的方法；熟练掌握起重机操作规程。

五、化工生产环境安全

化学工业发展到今天，影响人们生活的方方面面，以至生活中充满了化工产品。化工产品在给人们带来利益的同时，也带来了新的问题。由于部分化工原料、化工产品是有尘、有毒的，它们严重危害生产环境和人身安全与健康，因此防止化学性事故的发生显得越来越重要。

防止化学性事故的发生要做到：加强明火管理，厂区内严禁吸烟；生产区内禁止非工作人员进入；上班时不睡觉、不干私活、不离岗，不干与生产无关的事；上班前、上班时不喝酒；不使用汽油等易燃液体擦洗设备、用具和衣物；进入生产岗位前按规定穿戴劳动保护用品，不使用安全装置不齐全的设备；不动用非自己分管的设备、工具；停机检修后的设备，未经彻底检查的不启用。

六、建筑施工安全

建筑施工伤害事故是一种常见的职业伤害事故。无论是建筑施工人员、工程技术人员、工地施工管理人员，还是工地负责人员等，都必须学习《建筑安装工程安全技术规程》，熟知本职工作范围、安全法规及有关的规章制度，注意高空作业的安全、土石方工程的安全、机电设备和安装的安全、拆除工程的安全，瓦工、灰工、木工、搬运工等的安全及施工机械的安全。

要保证建筑施工安全，先做到水、电、道路通畅，工地平坦；强化现场安全管理，现场要设专职安全员负责安全；制定安全生产制度、安全技术措施；定期检查安全措施执行情况，检查是否存在违章作业，检查冬季、雨季施工安全生产设施；注意施工区的安全防护，在现场周围设置围栏、屏障，工地上的危险地段、区域、建筑、设备等要张贴或悬挂禁止、警告、指令、提示标志；夜间要设置红灯，防止有人误入，预留洞口、通道口须设围栏、盖板、架网，所有出入口须设板棚等护头棚；经常检查安全帽、安全带、安全网。

七、生产中常见的压力容器安全

生产中的压力容器是容易发生爆炸的设备，通常这种设备有安全阀、爆破片、压力表、液面计、温度计等安全附件。高压气瓶的安全附件有瓶帽、防振胶圈、泄压阀。为了防爆，国家规定压力容器每年至少进行一次外部检查，每3年至少进行一次内部检查，每6年至少进行一次全面检查。压力容器发生下列任一情况时，应立即报告有关部门：压力容器的工作压力、介质温度或壁温超过允许值，采用各种方法控制仍无效时；主要受压元件出现裂缝、鼓包、变形、泄漏等缺陷时；安全附件失效、接管断裂、紧固件损毁时；发生火灾直接威胁容器安全时。

使用压力容器必须遵守安全操作规程，持证上岗，防火、防爆，保证按期检验，注意安全储存、安全运输。所有压力容器制造单位须经严格审批，持有压力容器制造许可证方能生产。

反观自我　》》》》》》》》》》》》

学完此课，你是否把"安全须知"牢记心中？

_____

_____

_____

知识拓展

实习须知

对于即将跨出校门、走上实习岗位的学生来说，实习是把理论知识转化为实践知识的重要环节，在实习时应特别注意下列几点。

（1）明确实习目的，选好实习单位，制订实习计划。

（2）签订实习合同（协议）。为保证实习活动合法正常进行，学校或参加实习的个人都必须与实习单位签订实习合同（协议）。合同（协议）内容要具体，责任要明确。

实习人员分配到车间（班组）后，应与车间（班组）负责培训的师傅签订师徒合同，明确教与学的责任，实习人员的工作涉及特别工种或有危险的作业场所的还应签订安全协议，防止发生危险和意外。

（3）进行三级安全教育。实习人员上岗前，实习单位必须对实习人员进行三级安全教育，即厂级安全教育、车间级安全教育和班级安全教育。

学以致用

1. 建筑施工安全需要注意哪些问题？
2. 电器伤害分为哪几种形式？

防范职业病

案例引入

福建省莆田市仙游县东湖村的数十名贵州农民工被发现患有严重硅肺病；广州两家电池生产厂家接受身体检查的 1021 名职工中，177 人镉超标，2 人镉中毒，被确诊为职业病，广东"镉增高"事件受到了舆论的关注。重大安全事件的背后，是庞大职业病患者群体的健康损害。

知识探究

一、我国常见职业病分类

企业、事业单位和个体经济组织的劳动者在职业活动中，因接触粉尘、放射性物质和其他有毒、有害物质等而引起的疾病称为"职业病"。我国把职业病分为 10 类 132 项病种。10 类职业病包括职业性尘肺病及其他呼吸系统疾病、职业性皮肤病、职业性眼病、职业性耳鼻喉口腔疾病、职业性化学中毒、物理因素所致职业病、职业性放射疾病、职业性传染病、职业性肿瘤和其他职业病。

二、在高粉尘环境中作业的人员防尘肺病

尘肺病是由于在职业活动中长期吸入生产性粉尘并使粉尘在肺部滞留而引

起的以肺组织弥漫性纤维化为主的全身性疾病。尘肺病是最主要的职业病之一，而且近几年发病者人数呈上升趋势。尘肺病发病者的年龄越来越小，40 岁前死亡的比例呈上升趋势，此外，接尘工龄越来越短，最短接尘时间不到 3 年。

一般来说，有以下疾病者不要从事在高粉尘环境中作业的职业：①活动性肺结核患者；②慢性肺疾病、严重的慢性上呼吸道或支气管疾病患者；③患有显著影响肺功能的胸膜、胸廓疾病的人；④严重的心血管系统疾病患者。

三、接触有毒化学物者谨防职业性中毒

近年来，全国急性职业性中毒事件时有发生，致病因素中铅及其化合物中毒居首位，其次为苯中毒，锰及其化合物中毒居第三。另外，农村因生产活动引起的农药中毒事件也时有发生，引起生产性农药中毒的主要农药品种为甲胺磷和对硫磷。

总体来说，接触下面这些化学品的工作人员易发生职业性中毒：正己烷、苯、甲苯、二甲苯、二氯乙烷、三氯乙烯、三氯甲烷、有机锡、磷酸三甲苯酯、五氧化二钒、铅、汞、锰、硫化氢、一氧化碳、二氧化碳、二甲基甲酰胺、砷化氢、农药、老鼠药等。

四、户外作业人员和在荧光灯下工作的人员防癌变

1. 户外作业人员防癌变

据统计，户外作业人员头颈部皮肤鳞癌和基底细胞癌的发病率常高于室内作业人员。这是因为长期受日光中的紫外线照射可引起细胞 DNA 断裂、交联和染色体畸变，紫外线还会抑制皮肤的免疫功能，使突变细胞容易逃脱机体的免疫监视，这些都易导致皮肤鳞癌和基底细胞癌的发生，也可能引起黑色素瘤。

2. 长期在荧光灯下工作的人员防癌变

国外研究表明，长期在荧光灯下工作的人，每星期所接受到的紫外线照射要比不经常受到荧光灯照射的人多 50%，他们发生皮肤癌变的概率也比正常人高。

另外，荧光灯发出的光波能导致生物体内大量细胞遗传变性，使不正常的细胞数量增加，正常的细胞死亡。

五、高温工作者防热痉挛

在高温状态下长时间工作的人员，有时会突然脸色发青，感到头痛、恶心、头晕并发生痉挛，这就叫"热痉挛"。出现这种症状如果不及时处理，会进一步发展至意识消失，甚至死亡。由于高温时大量出汗，身体会丢失很多水分和盐分，血液浓缩，循环不良，所以在高温状态下工作的人员平时应多喝淡

盐水（一杯水中加一小匙盐），预防发病；还要常备人丹、藿香正气水等药品，以备不时之需。

六、电焊工作者谨防电光性眼炎

从事电焊工作的人员如果进行电焊操作时不注意佩戴防护面罩，眼睛就会被电弧光中强烈的紫外线刺激，从而引起电光性眼炎。另外，还有一些人喜欢观看电焊工人操作，这些人也是电光性眼炎的潜在患者。

电光性眼炎的主要症状是眼睛疼痛、流泪、怕光。从眼睛被电弧光照射到出现症状，一般要经过 2～10 小时。电光性眼炎如果继发感染造成角膜溃疡，则会影响视力。如果患上电光性眼炎，建议尽快就医，接受治疗。

国家对防治职业病有具体的规定，所以从事高危职业的人在工作前，一定要仔细研究相关规定及注意事项，做到安全工作，健康生活。

反观自我　》》》》》》》》》》》》》》》》

职业病的危害很大，学完此课，你认为应该从哪些方面进行预防？

_____

_____

_____

知识拓展

哪些食物可以预防职业病

职业病是工作环境、工作习惯和工作方式等因素综合促成的结果。除了必要的劳动保护以外，有选择地多食用适当的食物，也能够有效地减少职业病的发生。

摄影工作者、X 光拍片人员和计算机操作人员，由于经常接触放射线，应多吃高蛋白食品，以补充因放射线损害而分解的组织蛋白质；多饮用绿茶，有利于加快体内放射物质的排泄；多食用富含碘的食物，如海带、紫菜等。

汞矿开采作业及气压表、油墨、石英灯、整流器制造人员，由于经常接触汞，应多食用柑橘、胡萝卜、玉米等食物，因为这类食物含有大量的果胶物质，能与汞结合，防止血液中的汞离子大量丧失。同时，该类人员应补充足量的水和盐分，多吃一些富含钾的食品，如黄豆、青豆、绿豆、马铃薯、菠菜、柿饼、香蕉等。

学以致用

我国常见的职业病有哪些种类？

第三课

警惕求职打工陷阱

　　某学校毕业生陈丽在一车站站牌旁边看到一则招聘启事，上面写着招聘营销助理，月薪数千元。

　　陈丽与同学一起到该公司去应聘，在通过了面试以后，该公司的工作人员称，想当营销助理并拿到高额的薪水，要先到商场去试用一星期，随后两人被安排到一家电器商场卖手机。当时两人与该公司谈好试用期会支付一定的工资。工作了一星期，两人每人都为商场卖出四五部手机，便兴奋地到公司领取工资。谁知该公司竟然反悔，并称这里的销售员每天都能卖出两三部手机，而两人在这里工作的这段时间反而影响了商场的销售额，因此拒不支付工资。

知识探究

　　随着就业人数的增加，针对求职者急于求职的心理，各类非法招聘形式屡见不鲜，骗取求职者的钱财和劳动，让求职者历尽奔波却屡屡受骗。

一、警惕各种求职诈骗

常见的求职诈骗有以下几种方式。

（1）冒充用人单位或中介单位收取就业押金、中介费。

（2）骗取学生的求职简历，据此向用人企业收取招聘费、信息费。

（3）打着招聘的名义使学生陷入传销陷阱。

每年寒暑假，许多学生会加入兼职的行列，这里特提醒广大学生：兼职切忌赚钱心切的心理，以防上当受骗。观察目前的市场情况，上当受骗者不外乎陷入以下几种情况。

微课

警惕求职打工陷阱

1. 白忙一场

一些学生被个人或流动服务的公司雇用，双方口头约定以月为单位发放工资，但雇主往往会找借口拖延，拖延到一定时间后，公司和雇主就消失得无影无踪。

2. 先付押金

先付押金的骗局通常在招聘广告上称有文秘、打印、公关等轻松的工作，求职者只需交纳一定的押金即可上班。但往往等学生付钱以后，招聘单位又推说职位暂时已满，要学生等候消息，接下来便杳无音信。

3. 临时苦工

一些心怀不轨的雇主看准寒暑假学生挣钱心切的心理，故意将一些苦活、脏活、累活、危险的工作交给他们，又不与他们签订劳动合同，一旦发生工伤等情况，打工的学生往往索赔无门、欲哭无泪。

4. 传销

学生本来是去应聘销售或其他岗位的，但到公司应聘时却被连哄带骗地先买下一些货品，然后公司再让应聘者如法炮制地去哄骗其他人，并用高回扣做诱饵，学生一旦上当，往往会白搭上一笔钱，甚至人身安全可能受到威胁。

5. 模特、特种行业

在模特、特种行业中的骗局的主要形式如下。公司称招模特或开办"歌星""影星"培训班，然后要求学生花大价钱拍艺术照参加遴选，最后找借口说该学生条件欠缺而予以拒绝；也有的以娱乐场所特种行业的高薪来吸引学生，有的甚至逼学生进行色情交易。到这些场所打工，往往容易误入歧途。

面对目前社会上形形色色的招聘骗局，一定要保持谨慎，以免上当受骗。

二、如何破解招聘骗局

为了避免落入招聘骗局，应该注意以下几点。

1. 通过正规的人才市场、劳动市场和信誉度高的专业人才网站应聘

各教育部门的官方网站大多开设了招聘专栏，因为官方网站会对招聘单位进行比较严格的审核，所以其中的招聘信息较为真实。一些大型的专业人才网站也都设立了严格的审查制度，很少出现欺诈的情况。要尽量避免通过一些不知名的小中介店铺、小网站应聘。

2. 凡是附加了报名费、考试费等条件的招聘，一定要高度警惕

按规定，招聘过程中是不能收取报名费、考试费等费用的，填写个人资料时，最好不要留下过于详细的个人信息，一般留下电子邮箱即可，尽可能做一些必要的保留。

3. 对招聘单位的实际情况要了解清楚

投简历前，可以通过招聘单位所在城市的熟人，打听该单位的状况，或者通过工商部门、学校就业指导中心核实该单位的真实性。

面试时，可通过各种渠道对招聘单位进行实地考察，以摸清其发展前景。签订就业协议或劳动合同时，其中一定要注明双方谈妥的福利、保险、食宿条件等，这样双方产生纠纷时便有据可依。

三、实习期间的注意事项

实习已成为职业院校各个专业必不可少的实践教学环节。在这个过程中，很多学生放松了对自己的要求，认为学习生活即将结束，多姿多彩的社会生活已经到来。这个时期不仅要检验学生在学校是否学到了真本事，还会对学生进行很多与专业知识无关，但未来进入社会后很重要的能力的考验。

1. 预防职业危害

实习期间，学生应提高安全意识，严格遵守实习单位的各种安全操作规程，积极向专家、管理人员或有经验的同事请教，不仅要提高专业技能水平，还要杜绝劳动安全事故的发生。

2. 努力提高专业素养

需要注意的是，实习期间，学生可能从事不同行业的工作，还有的学生从事的工作与所学专业不对口。不论怎样，都要尽快熟悉所从事的职业岗位的特点，努力把自己塑造成合格的从业人员。

案例警示

医学专业的学生李某，在医院实习期间参与了一名消化道大出血患者的抢救工作。他急匆匆地为年老体弱的患者输液。药物为须慢滴的氨茶碱，他却采用了每分钟 50 多滴的滴速。幸亏巡查医生及时发现并予以纠正，否则将导致医疗事故。

3. 注意实习期间的生活安全

学生在实习期间，往往会在实习单位、学校、家之间多次往返，其间一定要注意旅途安全并保管好财物。另外，在实习单位工作期间，由于对周围环境不熟悉，更要注意保管好自己的财物。

4. 慎重签订劳动合同

在实习之前，学生与实习单位应本着平等自愿、协商一致的原则签订劳动合同，明确、细致、全面地约定双方的责、权、利，预防发生劳动争议。

反观自我 》》》》》》》》》》》》》》》》

看看下面这幅漫画，谈谈你有何感想。

_____

_____

_____

知识拓展

求职注意事项

毕业生在求职时一定要维护自己的合法权益，不要盲目应聘。

（1）到正规的人才市场或劳动力市场求职。

（2）掌握劳动法规和相关政策。

（3）通过多种途径了解招聘单位，核实招聘单位的营业执照等证件。

（4）拒交各种附加费用，如就职押金、工作服押金等。

（5）不轻易许诺到外地上岗。

（6）不要抵押重要证件，如身份证、毕业证等。

（7）谨慎签订劳动合同。

（8）发觉被骗，应及时报案。

学以致用

1. 你有过求职被骗的经历吗？说说应该怎样做才能避免求职被骗。

2. 如果有招聘单位让你先付押金，你会不假思索地支付吗？为什么？

◆◆ 素质拓展 ◆◆

甘肃白银："职工健康大篷车"开进企业，守护职工身心健康

"平时工作太忙，没有时间自己去体检，工会把先进的设备、优质的服务送到家门口，真是太方便了！工会真是我们的娘家人、贴心人。"2021年11月30日，在甘肃省白银市公交公司院内，甘肃"职工健康大篷车"前排着长长的队伍，正在等待做检查的维修中心修理工刘万江拿着体检登记单说。

"今天市总工会组织医院的专家来公司了，我刚体检完，啥都好，你就不要操心了。"刚接受完全面体检的15路公交车驾驶员金磊赶紧拿起电话打给远在外地的老伴儿。

为切实保障广大职工的身体健康，进一步提高职工对疾病的预防和自我保健意识，积极构建全方位职工互助保障健康服务体系，白银市总工会、中国职工保险互助会兰州办事处共同组织实施了"关爱健康·互助互济"免费健康公益体检活动，集中利用一周时间，为白银市公交公司700余名职工提供免费健康体检，守护职工群众健康的"最后一公里"。

据悉，这项活动也是白银市总工会扎实推进党史学习教育，开展"我为群众办实事"实践活动的一个缩影。

早上7点刚过，白银市公交公司的职工们就陆陆续续来到体检场地，签到、领表、排队、体检……忙中有序，井井有条。

"在这辆健康体检车里，我们配置了B超机，生化、心脏腹部彩超机等设备。""职工健康大篷车"负责人吴秀花说。"职工健康大篷车"公益健康体检活动是甘肃省总工会和中国职工保险互助会兰州办事处联合推出的工会品牌服务活动，也是省内同类公益活动中规模最大、持续时间最长的公益体检活动，两年多来已走遍全省14个市（州），深受广大职工欢迎。

"我们希望通过这样的体检，为广大职工建立规范化健康档案，筛查相关重大疾病，做到'早发现、早诊断、早治疗'。"白银市总工会二级调研员刘琪香说。

据了解，此次体检包括生化全项、心脏腹部彩超、胸部DR片和肿瘤因子早期筛查等10余个项目，由专业医护人员组成的团队在为职工提供精准体检服务的同时，根据不同职工的不同病症提出医疗建议和健康指导，有力地提升职工健康知识的普及率和知晓率。

近年来，白银市总工会坚持以职工为本，始终把关心关爱职工健康摆在突出位置，围绕职工看病负担重等问题，制定了大病救助、医疗互助等服务举措，用心用情用力做好服务职工工作；在开展患大病职工医疗救助活动中，按照"分级负责、精准识别、一户一档、动态管理"的原则，对因本人或家庭成员患重大疾病或慢性疾病花费高额医疗费用导致家庭生活困难的职工，按照个人自付费用给予不同标准的救助；秉持"医疗互助保障活动制度化、参保职工利益最大化、充分体现普惠化、保障服务人性化"的理念，大力实施职工医疗互助行动，通过为特定人群提供保障计划、职工互助互济金申领等措施，实现参保人群由特惠型逐渐向普惠型转变，促使更多职工参与职工互助保障工作。

白银市总工会还加大对职工的心理健康教育和疏导，筹集230万元，建设职工心理健康指导中心，完善功能区，增强专业性，不断适应职工日益增长的身心健康需求；组织开展职工心理健康讲座和职工个体心理疏导服务进基层活动，开通心理咨询热线，通过电话、微信等形式开展线上、线下咨询疏导，引导职工正确面对困难，缓解心理压力，保持健康的心理状态，唱响职工教育好声音，使职工实现快乐工作、体面劳动、健康生活。

白银市总工会党组书记、常务副主席张兆永说："我们将持续加大对职工的身心健康服务力度，积极构建职工健康服务体系，用心聆听、用心感受、用心关爱职工的精神生活，守护好每一位职工的健康。"

（资料来源：《工人日报》，有删改）

讨论：

1. 白银市公交公司的做法可以给职工带来哪些保障？

2. 职工健康检查对防治职业病有什么意义？

急救篇

掌握急救常识，做贴心小卫士

我们都希望自己和家人能健康、平安地生活，但我们又常会被意想不到的伤害或疾病困扰。例如，全家外出旅游时，家人被胡蜂蜇伤；天气特别热时，在大街上中暑晕倒……生活中，当这些意外事故突然发生，而医生又不在现场的时候，我们只有具备基本的急救知识和技能，才能从容应对，有效地控制病情，减轻患者的痛苦，赢得宝贵的抢救时间；相反，如果对急救知识一无所知，则可能束手无策，加重本可以避免的伤害，甚至失去抢救患者生命的良机。

学习目标

1. 掌握基础的急救方法，增强对自己和他人的健康负责的意识。
2. 增强在紧急情况下谨慎处理问题并采取急救措施的能力，养成关心他人的优秀思想品德。

第一课

生活急救

案例引入

某天，一名20多岁的年轻女子搭乘一辆出租车时，细心的出租车司机突然发现，该女子双手腕部都有一道利器割出的伤口，鲜血直流。见状，他一边用手压住伤口帮该女子止血，一边迅速报警。

公安人员接到报案后，迅速通知了"120"急救中心。"120"急救医生赶到现场后，迅速救治。医生经检查发现，女子双手腕部伤口长3～5厘米，伴有活动性出血。幸运的是，由于止血及时，而且伤口未伤到肌腱，该女子没有生命危险。

知识探究

一、心肺复苏术

心肺复苏术是指心跳、呼吸骤停时进行的一系列抢救措施。

急救前应迅速解开患者的裤带、领扣及过紧的衣服，清除患者口腔内的假牙、黏液、血块、泥土等物。在进行急救的同时，应立即拨打"120"急救电话或立即将患者送往医院救治。在送医途中要坚持对患者进行人工呼吸和心脏胸外按压。

微课
生活急救常识

1. 打开气道

患者仰卧；施救者跪于患者一侧，一只手始终紧按患者前额，另一只手先向上托起患者后颈，使患者头部尽量后仰，然后把手放在患者下颌下，将患者颌部向上向前抬起，两只手一起用力把患者头部向后推，使患者下颌尖与耳垂在一条竖直线上，并使患者嘴张开，打开患者的气道。

2. 人工呼吸

施救者注意保持患者头部呈后仰位，用手捏住患者鼻孔，深吸气后对准患者口腔将气吹入。患者胸部扩张起来后，停止吹气并放开患者鼻孔，让患者胸部自然缩回去。反复进行，每分钟吹气 16 ～ 18 次，直到患者恢复自主呼吸为止。如果吹气时患者胸部不起伏，则说明方法不正确，或是患者气道不通畅，或是吹气力度不够。如果患者舌头后附，影响呼吸道通畅，则应设法将其舌头拉出。为小儿吹气时不能用力过猛，以免吹破肺泡。

3. 心脏胸外按压

心跳骤停在各种场合都时有发生，如果及时进行正确的心脏胸外按压，那么常能挽救患者的生命。若发现患者心搏骤停，则应立即抢救，不得搬动。让患者仰卧在硬板床或地板上，头部稍低。施救者一只手手掌置于患者胸骨中下 1/3 处，另一只手压在前一只手的手背上，借助上身的力量向患者胸骨有节奏地加压，每分钟按压 60 ～ 80 次，每次按压使胸骨下陷 3 ～ 4 厘米，再让其自行弹起。心脏胸外按压要与人工呼吸同时进行，次数以"心脏胸外按压：人工呼吸 = 5：1"为宜，即做 5 次心脏胸外按压，再做 1 次人工呼吸。如果抢救有效，则可见患者肤色恢复，可摸到颈动脉搏动，患者自主呼吸恢复。

案例警示

刚刚退休的高级工程师李某有登山锻炼的习惯。每到周末，他都会准时开始他的登山活动。这一天，他刚刚爬到一半，就感到胸闷、呼吸急促，短短几分钟后竟失去了知觉，一头栽倒在路上。随后，一名学生到此发现昏倒在地的李某，就着急地大声呼救。不一会儿，一名中年男子跑上来，一边大口喘气，一边迅速为李某进行检查，并立即为李某进行人工呼吸。大约10分钟后，急救医生赶到，在医生的急救下，李某恢复了心跳和呼吸，并被转送到医院进行进一步的治疗。急救医生说幸亏有热心游客及时救助，否则李某会有生命危险。

二、外伤出血急救

一个成年人全身的血液约占其体重的8%。在伤口小、出血量少时，伤者周身情况无明显变化。当身体受到损伤后出血量超过总血量的20%时，伤者就会出现脸色苍白、手脚发凉、脉搏微弱等休克表现。当出血量达到总血量的40%时，伤者就会有生命危险。外伤发生后，出血的速度越快，对人的生命的威胁越大，几分钟内出血达1000毫升就可致人死亡。

下面介绍现场急救中外伤出血的止血方法。

1. 直接压迫止血法

在野外发生意外伤害时，如果伤口不大，血液流出速度缓慢，则可直接用干净柔软的敷料或手巾压在伤口上止血。若此方法无效，则改用其他止血方法。

2. 指压动脉止血法

在现场急救中，最快速、最有效的止血方法是指压动脉止血法。此方法根据人体主要动脉的体表投影位置，用单个或多个手指向骨骼方向加压，以压闭动脉来止住伤口的大量出血。当手、前臂或上臂下部出血，可以用拇指或四指压迫伤者上臂内侧动脉血管。只要摸准位置，压迫力度够，就能起到立竿见影的止血效果。指压动脉止血法的缺点是效果有限，不能持久，但是在发生大出血时能为寻找急救材料或使用其他止血方法赢得时间。

3. 加压包扎止血法

对于损伤面积较大、肌肉断端出血等情况，可采用加压包扎止血法，具体方法是先用无菌敷料或棉垫填塞、覆盖伤口，再用绷带加压包扎。急救现场若无急救包，则可用口罩、纱布、棉衣、被褥等做成敷料，把衣服、被单等撕成条状代替绷带。

4. 屈曲肢体加垫止血法

屈曲肢体加垫止血法是将厚棉垫、泡沫塑料垫或绷带卷塞在肘窝，屈曲腿或臂，再用三角巾、宽布条、手帕、绷带等紧紧缚住。该方法只能用于双手肘部和双腿膝部以下部位的止血，并且要求伤肢无骨折和关节损伤，否则要改用其他止血方法。

5. 止血带止血法

止血带止血法是用绷带、橡皮胶管、三角巾等将出血的肢体扎住，以阻断血流达到止血目的的方法。该方法只适用于四肢动脉大出血的情况，在现场急救中主要使用橡皮止血带和布止血带。

案例警示

　　王某是一名登山爱好者，曾经的一次意外险些夺走他的性命。当时，他在登山途中不慎踩在一块松动的石头上，脚下一滑，滚落到山路的一个拐弯处，左手臂开放性骨折，鲜血不停地流出。他忍着钻心的疼痛，先用手机报警，然后在等待救护的过程中，果断地用自己的鞋带扎紧受伤手臂的上端。为减少出血量，他还设法将手臂抬得高一些，直到急救医生到来。急救医生说幸亏他及时为自己进行了止血，否则会因为失血过多导致昏迷，甚至还可能有生命危险。

三、骨折急救

　　骨骼的连续性或完整性被破坏称为"骨折"。骨折急救非常重要，应争取时间进行救治，保护受伤肢体，防止加重损伤和伤口感染。骨折急救多需他人协助进行，并应尽快将伤者送至医院治疗。

　　（1）了解受伤情况。慎重起见，若怀疑有骨折则可按骨折处理；若颅脑损伤合并昏迷则须注意保持伤者呼吸系统通畅，防止窒息。

　　（2）有伤口者可用清洁衣衫等物加压包扎止血，防止伤口被再次污染；骨折合并四肢动脉大出血者须用止血带止血。

　　（3）骨折本身并不可怕，重要的是，要及时检查伤者全身情况。

　　（4）一般伤者运送途中应取仰卧位。对于颈椎骨折伤者，在搬动时，应由一人轻牵其头部，使之与躯干长轴保持一致，并随之转动，防止颈部过伸、过曲和旋转。

　　（5）对于离断的肢体，转运前应将断肢用消毒敷料或干净毛巾等包裹并放入密闭塑料袋中，然后放在盛放冰块或冷水的容器中，切记不可使冰块直接接触断肢；禁止将断肢浸泡在酒精、消毒液、生理盐水等液体内。对肢体不完全离断伤者，应以夹板妥善固定。

四、中暑急救

　　中暑是指人在高温或强烈日光暴晒环境下从事体力劳动、体育活动、野外活动等引起的体温调节功能紊乱、体液失衡及神经系统功能损伤所致的急性高热疾病。中暑在高气温、高湿度、风速小和强热辐射的环境下容易发生，同时常见于产妇、老年人、体弱者和有慢性疾病者。很多人发生中暑往往是由于在烈日下暴晒，或在高温环境中逗留和剧烈运动。

1. 中暑的类型

根据发病的情况，中暑可分为以下 3 类。

（1）先兆中暑：患者全身乏力、多汗头昏、口渴、恶心、胸闷、心悸、注意力不集中等，体温正常或略升高。

（2）轻度中暑：除上述症状加重外，患者体温在 38℃以上，面色潮红，皮肤灼热，同时伴有呼吸困难，心率、脉搏加快，大量出汗，呕吐，血压下降等症状发生。

（3）重度中暑：患者上述症状进一步加重，并伴有昏厥、昏迷、痉挛或高热，体温在 40℃以上。重度中暑又分为 4 种类型，即中暑衰竭、中暑痉挛、中暑高热和热射病。

2. 中暑怎样救治

根据中暑程度的不同，可采取不同方法进行急救。

（1）对于先兆中暑及轻度中暑者，应立即使患者离开高温环境，将患者移到阴凉通风处，松解衣扣，给予清凉、含盐饮料，使其安静休息，为其涂擦清凉油，帮助其口服人丹、解暑片、藿香正气水等药物。对于体温高者，可在其头颈部、腋下、腹股沟等处进行冷敷；病情无缓解时应送到医院救治。

（2）对于重度中暑者，应迅速对患者进行全身降温，如放置冰袋、冰帽，用冰水擦浴等，并将患者移送到空调间或阴凉通风处，然后拨打"120"急救电话，请医务人员到现场急救。

对于心跳、呼吸骤停者，应立刻进行心肺复苏，直到送入医院或医务人员赶到实施医疗救治为止。

五、烧伤急救

烧伤，也称"灼伤"，包括热力烧伤，如火焰、热金属烧伤；化学物品烧伤，如强酸、强碱造成的损伤；电烧伤，如触电、雷击造成的损伤；等等。

各类烧伤急救方法如下。

1. 烧伤急救

烧伤处理的当务之急是尽快避免皮肤受热。

（1）用干净的冷水充分冷却烧伤部位。

（2）用消毒纱布或干净布等包裹烧伤部位。

（3）对呼吸道烧伤者，注意疏通其呼吸道，防止异物堵塞。

（4）伤者口渴时可饮少量淡盐水；紧急处理后可使用抗生素，预防感染。

2. 化学物品烧伤急救

当被酸、碱、磷等化学物品烧伤时，最简单、最有效的处理办法是，用大量清洁冷水冲洗烧伤部位，冲洗掉化学物品，使伤者局部毛细血管收缩，以减少对化学物品的吸收。

3. 电烧伤急救

人体触电后，电流出入处发生烧伤，局部肌肉痉挛，此时应采取以下急救措施。

（1）迅速切断电源，使伤者脱离电源。

（2）将伤者转移至通风处，松开衣服。当伤者呼吸停止时，施行人工呼吸；当伤者心脏停止跳动时，施行心脏胸外按压。

（3）对伤者进行全身及胸部降温。

（4）为伤者清除呼吸道分泌物。

（5）用消毒纱布包裹伤口，出血时用止血带、止血药等包扎处理。

（6）对于重度烧伤者，要尽快送到医院救治，减少途中颠簸。

六、冻伤急救

冻伤是人体遭受低温侵袭后发生的损伤。冻伤的发生除了与寒冷有关，还与潮湿、局部血液循环不畅和抗寒能力下降有关。一般将冻伤分为冻疮、局部冻伤和冻僵3种。冻伤是一种累积性伤害，全身冻伤时非常危险，几乎所有的患者都会出现嗜睡的症状。如果让患者睡下去，那么患者的体温便会渐渐降低，直至冻死。

1. 急救措施

（1）发现有轻微冻伤时，应尽快采取措施对伤处进行保暖，如将受冻的手放在腋下升温，或将脚放在同伴的胃部等处取暖，或慢慢地用与体温一致的温水浸泡伤处，使之升温，恢复正常温度。

（2）属于局部冻伤的，可用手、干毛巾对伤处进行擦拭，直至伤处发热。

（3）发现被冻僵的患者时，应尽快用大衣、棉被等物品将其包裹并将其送到温暖的地方，同时让其服用姜汤等热饮进行恢复。

（4）属于全身冻伤的，体温降到20℃以下就很危险。此时一定不能让患者睡觉，应使其强行打起精神并进行一些活动，以保持体温不下降，否则可能会出现生命危险。

（5）当全身冻伤的患者出现脉搏、呼吸变慢的情况时，应保证其呼吸道畅通，并对其进行人工呼吸和心脏胸外按压，使患者的身体逐渐恢复正常体温，然后快速将其送往医院救治。

2. 注意事项

（1）对局部冻伤患者进行救治时，禁止把伤处直接泡入热水中或用火烤伤处，否则会使冻伤加重。

（2）按摩会引起感染，最好不要按摩。

（3）较严重的冻伤患者在复温后应注意保暖、休息与补充营养，适当开展运动，以防产生功能障碍。

七、扭伤急救

扭伤是指由于关节过猛地扭转，撕裂附着在关节外面的关节囊、韧带而产生的伤害。扭伤最常见于踝关节、手腕及下腰部。发生在下腰部的扭伤，就是平常说的闪腰岔气。扭伤的常见表现是痛、肿及皮肤青紫、关节活动受限。

1. 急救措施

扭伤发生48小时内应使用冰袋冰敷伤处。在仍然疼痛的时候应尽量避免使用扭伤的肌肉。当疼痛减缓后，可以开始缓慢地做一些适度的恢复性运动。

一般来讲，如果活动时伤处虽然疼痛，但并不剧烈，那么大多是软组织损伤，可以自行医治。如果活动时有剧痛，且疼在骨头上，不能站立和挪步，扭伤时有声响，伤处迅速肿胀等，则是骨折的表现，应马上到医院诊治。

（1）在运动中扭伤手指，应立即停止运动。将手指泡在冷水中15分钟左右，然后用冷湿布包敷，再用胶布将手指固定。如果一周后仍然肿痛，那么一定要去医院诊治。

（2）若踝关节扭伤，可用枕头等把小腿垫高，用冰水敷伤处；也可以在关节周围包一层厚棉花，外用绷带包扎，这样可以减轻肿胀。如果踝关节扭伤而无医务人员在场处理，则可以不脱鞋袜，在鞋上直接包扎"8"字形的绷带。

（3）腰部扭伤后也要静养，应在局部进行冷敷，尽量采取舒适体位，侧卧或者仰平卧屈曲，膝下垫上毛毯之类的物品。止痛后，最好请专业医生治疗。

2. 注意事项

（1）扭伤当天，每3～4小时进行15分钟冷敷（可以缓解肿胀）。请注意不能让冰块直接接触皮肤。

（2）至少让受损肌肉休息一天。

（3）保持伤处处于抬高的状态可以缩短症状持续时间。

总的来说，当发生运动伤害时，最好马上处理。处理的原则有5项，简称"PRICE"，即保护（protection）、休息（rest）、冰敷（icing）、压迫（compression）、抬高（elevation）。

保护的目的是不引发二次伤害，休息是为了减少疼痛、出血、肿胀并防止伤势恶化，压迫及抬高也都有上述效果，冰敷有止痛的功能。挫伤、瘀青、轻度肌肉拉伤、韧带扭伤，经由上面几种方式处理，以及适当的复健治疗，个体都能够在短时间内恢复健康。若发生严重的肌肉拉伤（断裂）、韧带扭伤（断裂）、骨折，则必须由医生手术治疗。

八、中风急救

中风，指脑中风，又称"脑卒中"。中风一般分为两类，一类为出血性脑中风，如脑出血、蛛网膜下腔出血；另一类为缺血性脑中风，如脑动脉血栓、脑栓塞。中风大多由情绪大幅波动、忧思恼怒、饮酒、精神过度紧张、疲劳等因素诱发。个体在中风发生之前常会出现一些典型或不典型的症状，即中风预兆。

1. 常见的中风预兆

（1）眩晕：出现发作性眩晕，自觉天旋地转，伴有吹风样耳鸣，听力暂时丧失，并有恶心呕吐、眼球震颤等症状；眩晕通常历时数秒或几十秒，多次反复发作，可一日发作数次，也可几周或几个月发作一次。

（2）头痛：疼痛部位多集中在太阳穴处，突然持续发生数秒或数分钟，发作时常伴随一阵胸闷、心悸。有些人则表现为整个头部疼痛或额枕部明显疼痛，伴有视力模糊、神志恍惚等症状。

（3）视力障碍：立即产生视物不清、复视、一侧偏盲或短时间阵发性视觉丧失等症状，又在瞬间恢复正常。

（4）麻木：在面部、唇部、舌部、手足部或上下肢，发生局部或全部、范围逐渐扩大的间歇性麻木，甚至短时间内失去痛觉或冷热感觉，但很快又恢复正常。

（5）瘫痪：单侧肢体短暂无力，活动肢体时感到力不从心，走路不稳似醉酒样，肢体动作不协调，或突然失去控制数分钟，同时伴有肢体感觉减退和麻木等症状。

（6）猝然倒地：在急速转头或上肢反复活动时突然出现四肢无力而跌倒，但无意识障碍，神志清醒，可立即自行站立。

（7）记忆丧失：突然发生逆行性遗忘，无法回想起近日或近10日内发生的事情。

（8）失语：说话含糊不清，想说又说不出来，或声音嘶哑，同时伴有吞咽困难。

（9）疼痛：多在闲坐或睡眠时发作，通常表现为一侧手足的肌肉发生间歇性抽筋或疼痛。

（10）定向丧失：短暂的定向不清，包括对时间、地点、人物不能正常辨认，或不认识字或不能进行简单的计算。

（11）精神异常：情绪不稳定，易怒或异常兴奋、精神紧张，有的人表现为神志恍惚、手足无措。

一旦出现上述中风预兆，则意味着中风即将在近期发生，尤其是原有高血压、动脉粥样硬化、心脏病、糖尿病的患者，更应提高警惕，积极采取预防措施：离开施工现场、公路、火炉旁、深水边等危险环境，以防中风跌倒后发生其他意外事故；卧床休息，调节心境，保持冷静，避免情绪激动，坚持按医嘱服用相应药物，定时测血压，及时调整用药剂量；尽量不坐在高处，避免中风时摔倒。

2. 中风患者的急救措施

（1）使患者去枕或低枕平卧，头侧向一边，保持呼吸道通畅，避免将呕吐物误吸入呼吸道，造成窒息。切忌用毛巾等物堵住患者口腔，妨碍患者呼吸。

（2）对于摔倒在地的患者，可将其移至宽敞通风的地方，便于急救。将患者上半身稍垫高一些，保持安静，检查有无外伤，若出血则可给予包扎。

（3）尽量不要移动患者的头部和上身，若需移动，则应由一人托住患者

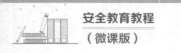

头部，使其头部与身体保持水平。

（4）拨打"120"求救，请急救人员前来急救。

（5）对于血压显著升高但神志清醒的患者，可使其口服降血压药物。

（6）守候在患者身旁，一旦发现呕吐物阻塞呼吸道，应采取各种措施使呼吸道畅通。患者呼吸停止时应对其进行人工呼吸。

（7）应将中风患者送往医院进行电子计算机断层扫描（CT）检查，以区分中风的类型，针对病因进行进一步治疗。

九、休克急救

休克是较重的创伤、出血、剧痛和细菌感染引发的一种全身性严重致命反应，若不能正确急救，患者会有生命危险。

医学界解释休克由"微循环障碍"所致。微循环是指微动脉和微静脉之间的血液循环。维持微循环正常需要满足 3 个条件：第一个是全身血管内有充足血量，第二个是心脏每次搏出足够的血量，第三个是微小的动脉收缩力正常。不论哪个条件不满足要求都会导致休克。

1. 休克的种类及成因

（1）低血容量性休克：常因大量出血或丢失大量体液而发生，如外伤或内脏大量出血、急剧呕吐、腹泻等，都会使毛细血管极度收缩、扩张或出现缺血和瘀血。

（2）感染性休克：由病毒、细菌感染引起，休克性肺炎、中毒性痢疾、败血症、暴发性流脑等可引起感染性休克。

（3）心源性休克：由心脏排血量急剧减少所致，急性心肌梗死、严重的心律失常、急性心力衰竭及急性心肌炎等可引起心源性休克。

（4）过敏性休克：由人体对某种药物或物质过敏引起，如青霉素、抗毒血清等可造成瞬间死亡。

（5）神经性休克：由强烈精神刺激、剧烈疼痛、脊髓麻醉意外等引发。

（6）创伤性休克：由骨折，严重的撕裂伤、挤压伤、烧伤等引发。

2. 休克的临床表现

休克在临床上通常分为早期（又称"代偿期"和"兴奋期"）和晚期（又称"失代偿期"和"抑制期"）。

（1）早期：即休克开始时，患者有短时间的精神兴奋，后出现呻吟、烦躁不安、表情紧张、面色发白、脉搏快但有力、呼吸浅而急促、血压正常或略升、脉压变小、四肢凉而多汗等症状。这些症状可持续几分钟到几十分钟，若不注意观察，不及时抢救，休克则会转向晚期。

（2）晚期：典型的表现是极端口渴，表情淡漠，反应迟钝，问话不答，眼球下陷，皮肤及口唇苍白，出冷汗，脉细速而微弱，浅表静脉不充盈，呼吸浅快或不规则，体温低于正常水平，血压不断下降，脉压小，尿量减少，瞳孔散大，意识不清，甚至进入昏迷状态。

3. 休克的预防和急救

（1）若患者出现严重的创伤，则应立即止血、止痛、包扎、固定。

（2）使患者平卧于空气流通处，下肢抬高30°，头部放低，并用冷水打湿毛巾敷头，以利于静脉血液回流。

（3）使患者保持呼吸通畅，松解其腰带、领带及衣扣，及时清除患者口鼻中的呕吐物。

（4）方便时立即使患者吸氧，保持安静，为其止痛、保暖，少搬动。

（5）患者意识清楚时，喝热茶、姜糖水。

（6）运送患者途中要平稳，少搬动，使患者头低脚高，为其保暖。

（7）抗休克裤广泛用于创伤出血性休克的急救转运。头、胸外伤引起的休克慎用。心脏压迫和张力性气胸患者禁止使用。

反观自我 〉〉〉〉〉〉〉〉〉〉〉〉〉〉〉〉〉〉〉

想一想自己在生活中会不会用到本课介绍的急救常识。

_____

_____

_____

知识拓展

"120" 急救电话

"120"是急救中心专用电话号码，如果你自己或身边的人得了急病、受到意外伤害等，可立即拨打"120"急救电话。调度的工作人员问清楚病情后，会派离你最近的救护车前往救助。救护车上的救护人员能给患者帮助。打通"120"急救电话后，应该讲清楚以下内容。

（1）患者的姓名、性别、年龄。

（2）患者的病情，要说最主要的情况，如头痛、心口痛、肚子痛、晕倒在地、烫伤、伤口流血多、煤气中毒、溺水昏迷等。

（3）患者现在所在的地址、附近最明显的标志、用以联系的电话号码，以便救护车及救护人员快速赶到。

学以致用

1. 怎样做人工呼吸？
2. 外伤出血应怎样包扎？

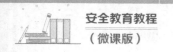

第二课

中毒急救

案例引入

　　某日，张女士和几个朋友在一家餐厅里聚餐，为烘托气氛，餐馆在包间里放了一个火炉。一段时间后，几个来得早的朋友都说有点头晕、恶心，大家都以为是酒喝多了的缘故，就没放在心上，但是席间去洗手间的张女士回来后，发现朋友们晕倒在包间里。医院检查证明他们是一氧化碳中毒。

知识探究

一、煤气中毒

　　煤气中毒多因在密闭的房间内使用煤炉、炭炉取暖，或因煤气使用不当而发生。煤气是无色、无味的气体，主要成分是一氧化碳，由于在生活中怕出现泄漏事件，一般民用供气前，会对煤气进行加臭处理。在通风不良、氧气不足的情况下，燃料燃烧不完全，就会产生大量的一氧化碳。一氧化碳经人体吸入后，与血液中的血红蛋白结合，形成碳氧血红蛋白，使血红蛋白失去携氧能力，从而造成低氧血症，使重要器官组织缺氧，引起一系列临床症状，甚至死亡。

1. 煤气中毒的主要表现

　　（1）轻度中毒：患者出现头晕、头痛、乏力、恶心、呕吐及胸闷、心悸等症状，马上离开中毒环境，吸入新鲜空气，即可恢复正常。

　　（2）中度中毒：除上述部分症状加重外，患者还有面色潮红、口唇呈樱桃红色、多汗、烦躁、心率加快、呼吸困难、步态不稳、振颤、神志不清等症状。若及时抢救则可脱离危险，无明显后遗症。

　　（3）重度中毒：患者迅速昏迷，大小便失禁，肌张力增强，病理反射呈阳性，危重者面色苍白，四肢厥冷，瞳孔散大，血压下降，阵发性或持续性全身僵直、抽搐，并引发肺水肿、脑水肿，最后因呼吸及循环衰竭而死亡，或留下智力下降、肢体瘫痪等后遗症。中毒者血液中碳氧血红蛋白测定呈阳性。

2. 煤气中毒抢救

　　（1）立即打开现场门窗，搬走煤炉、炭炉，关掉煤气阀门。

（2）迅速将患者转移到空气流通处，如房间外面、走廊、院子里等，让患者吸入新鲜空气或吸入高浓度氧气，把患者上衣解开，不可多人挤在一起。

（3）使患者保持呼吸道通畅，可以将患者上背部至颈根部垫高约30°，使其头稍向后仰。对昏迷、抽搐、牙关紧闭者，可用开口器打开口腔，将其置于上下牙之间口角处。

（4）患者心跳、呼吸停止时，应立即施行人工呼吸和胸外心脏按压。

（5）注意保暖，在寒冷环境下，可给予患者热水袋等。

（6）及时送患者到有条件的医院，给予高压氧疗，药物治疗，输血、换血治疗，使用心电监护器、呼吸机及其他治疗仪器。

素养提升

惊心动魄！老师电话救回缺勤学生一家五口

　　辽宁抚顺的张雅丽老师是一名小学班主任，当时学生小海未及时到校上课，出于职业敏感，张老师马上尝试联系学生家长，反复拨打电话却无回应。张老师意识到，小海一家很有可能发生了意外，于是打听其家庭住址，拜托其邻居前去查看。邻居赶到小海家发现，他们一家五口人都因一氧化碳中毒昏躺在炕上。邻居们迅速拨打了"120"急救电话，因抢救及时，小海一家五口已无生命危险并出院。小海妈妈激动地说："多亏老师坚持要找到我们，我们才活了下来。"

　　张老师对学生负责的态度，拯救了小海一家五口的生命，避免了一个家庭的悲剧。

二、急性酒精中毒

饮酒过量易造成急性酒精中毒，患者早期会出现面红、脉搏快、情绪激动、语无伦次、恶心、呕吐、嗜睡等症状，严重者可能会昏迷，甚至因呼吸麻痹而死，还可能发生高热、惊厥及脑水肿等。

1. 急性酒精中毒的治疗

对急性酒精中毒者，一般处理原则是禁止其继续饮酒，可刺激其舌根部以催吐，还可以使其食用梨、西瓜等水果缓解症状，注意保暖，注意避免呕吐物阻塞呼吸道；观察患者的呼吸和脉搏情况，若无特别，则其一觉醒来即可自行康复。如果患者卧床休息后，还有脉搏加快、呼吸减慢、皮肤湿冷、烦躁的症状，则应马上将其送往医院救治。对于昏迷的患者，应该送其去医院检查治疗。在到达医院前要让患者采取侧卧体位，注意保暖并注意保持患者呼吸道通畅。

2. 急性酒精中毒的预防

避免过量饮酒是预防急性酒精中毒最有效的方法，特别是注意勿空腹大量饮酒，尽量在饮酒前吃一些富含蛋白质及脂肪的食物，以免醉酒。

三、毒蛇咬伤

1. 不同类型的蛇毒导致的症状

（1）神经毒：以侵犯神经系统为主，局部反应较少，会出现脉弱、流汗、恶心、呕吐、视觉模糊、昏迷等全身症状。

（2）血液毒：以侵犯血液系统为主，局部反应快而强烈，一般在被咬后30分钟内，局部开始出现剧痛、肿胀、发黑、出血等症状；时间较久之后，还可能出现水疱、脓包，全身会有皮下出血、血尿、咯血、流鼻血、发热等症状。

（3）混合毒：兼具上述两种蛇毒导致的症状。

2. 对毒蛇咬伤的处理

（1）保持冷静。千万不要因紧张而胡乱奔走求救，这样会加速毒液扩散。尽可能辨识蛇的特征，不可饮用酒、浓茶、咖啡等可能导致兴奋的饮料。

（2）立即绑扎。用止血带绑于伤口近心端上5～10厘米处，如无止血带，可用毛巾、手帕或撕下的布条代替。不可绑扎太紧，应可通过一指，以能阻止静脉和淋巴回流、不妨碍动脉流通为原则（和用止血带止血法阻止动脉回流不同），每两个小时放松一次即可（每次放松1分钟）。

（3）冲洗并切开伤口，适当吸吮。在将伤口切开之前必须先用生理盐水、蒸馏水清洗，无条件时也可用清水清洗伤口；然后将伤口用消毒刀片切开，使切口呈"十"字形，用吸吮器将毒血吸出，施救者应避免直接以口吸出毒血，防止口腔内有伤口引起中毒。另外，患者可以口服蛇药片或将蛇药片用清水溶成糊状涂在创口四周。

（4）立即送医。如果无法确定是被无毒的蛇还是有毒的蛇咬伤，则应将患者送至医院接受进一步治疗。

3. 对毒蛇咬伤的预防

（1）进入有蛇的区域应穿厚靴，用厚帆布绑腿。

（2）夜行时应持手电筒照明，并用竹竿在前方左右拨草，将蛇赶走。

（3）野外露营时应将附近的长草清除，将泥洞、石穴堵死，以防蛇类躲藏。

（4）平时应熟悉各种蛇的特征，学习被毒蛇咬伤的急救方法。

四、狂犬病

狂犬病是人被狗、猫、狼等动物咬伤而感染狂犬病毒所致的急性传染病。狂犬病毒能在狗的唾液腺中繁殖，狗咬人后通过伤口残留唾液使人感染。人发病时主要表现为兴奋、恐水、咽肌痉挛、呼吸困难和进行性瘫痪，甚至死亡。狂犬病潜伏期为20～90天，一旦发病，治疗上目前无特效药物，病死率极高，近100%。

所以，人被狗、猫、狼等动物咬伤后，不管当时能否确定其是否携带狂犬病毒，都必须在伤后的2小时之内，尽早对伤口进行彻底清洗，以减少狂犬病的发病机会。应用干净的刷子，也可以用牙刷或纱布以及浓肥皂水反复刷洗伤口，尤其是伤口深部，并及时用清水冲洗，不能因疼痛而拒绝认真刷洗，刷洗至少要持续 30 分钟。冲洗后，再用浓度为 70% 的酒精或高度酒精或白酒涂擦伤口数次，在无麻醉条件下，涂擦时疼痛感较明显，伤者应有心理准备。涂擦完毕后，伤口不必包扎，可任其裸露。对于其他被狗抓伤、舔吮以及唾液污染的新旧伤口，均应按咬伤进行同等处理。经过上述伤口处理后，应尽快将伤者送往附近医院或卫生防疫站接受狂犬病疫苗注射。

五、蜂蜇

蜜蜂和黄蜂尾部毒囊中的毒液通过尾端一枚连接毒囊的螯针刺入皮肤进入人体。蜂毒除会引起刺伤局部反应外，还会导致溶血、出血等症状。

人被蜂蜇后，局部有疼痛、红肿、麻木症状，数小时后能自愈；少数伤处出现水疱，很少有全身中毒症状。被群蜂多处蜇伤，伤者在很短时间内即有发热、头痛、恶心、呕吐、腹泻等症状，严重的会出现溶血、出血、烦躁不安、肌肉痉挛、抽搐、昏迷、急性肾功能衰竭等症状。对蜂毒过敏者，会迅速出现荨麻疹、喉头水肿和（或）气管痉挛症状，可导致窒息，并可能发生过敏性休克。

（1）被蜂蜇伤后，其螯针会留在皮肤里，必须用消毒针将皮肤里的断针剔出，然后用力掐住伤处，用吸吮器反复吸吮，以吸出毒素。如果身边暂时没有药物，可用肥皂水充分清洗伤处，再涂些食醋或柠檬。

（2）万一发生休克，在通知急救中心或去医院的途中，要注意保持伤者呼吸畅通，并对其进行人工呼吸、胸外心脏按压等急救处理。

反观自我 》》》》》》》》》》》》

结合身边发生的中毒事件，讨论在日常生活中应如何防止中毒事件发生。

_____

_____

_____

知识拓展

有毒蛇与无毒蛇的区别

全世界的蛇有 2500 ~ 3000 种，其中毒蛇约 650 种。我国的蛇有 170 多种，其中毒蛇有 50 种左右。怎样识别有毒蛇和无毒蛇呢？一般人单凭头部是否呈三角形或者尾巴是否粗短、颜色是否鲜艳来区分，这是不全面的。虽然蝰亚科、蝰亚科的毒蛇的头部的确呈明显的三角形，但海蛇科及眼镜科的毒蛇的头部并不呈三角形；而无毒蛇中的伪蝰蛇的头部倒是呈三角形的。五步蛇、蝰蛇和眼镜蛇的尾巴确实很粗短，但烙铁头蛇的尾巴就较细长。很多颜色鲜艳的蛇并非毒蛇，而蝰蛇的颜色如泥土，很不引人注目，其毒性却很强。因此，有毒蛇和无毒蛇主要根据以下几点来区分。

1. 毒腺

有毒蛇具有毒腺，无毒蛇不具有毒腺。毒腺是由唾液腺演化而来的，位于头部两侧、眼的后方，包藏于颌肌肉中，能分泌毒液。当毒蛇咬物时，包着毒腺的肌肉收缩，毒液立即经毒液管和毒牙的管或沟注入被咬对象的体内，使其中毒，无毒蛇没有这一功能。

2. 毒液管

毒液管即输送毒液的管道，连接毒腺与毒牙。只有毒蛇才具有毒液管。

3. 毒牙

毒蛇具有毒牙，毒牙位于上颌骨无毒牙的前方或后方，比无毒牙更长、更大。被毒蛇咬过的伤口，局部常见2个明显的毒牙痕，若被连续咬两口，则可见4个毒牙痕，有时也可见1～3个毒牙痕。在毒牙痕的旁边有时可见2个小牙痕，也可能出现1～3个小牙痕。毒蛇除毒牙外，还有一些无毒牙，毒牙或无毒牙掉落后由副牙递补。无毒蛇咬人后，伤口上仅可见较细的成排的细牙痕。

▌ 学以致用 ▌

1. 煤气中毒后该怎么急救？
2. 在野外露营应注意什么？

第三课

灾难急救

案例引入

某日，雷雨交加，正在田里割稻谷的某村村民黄某及其母亲、嫂子3人急急忙忙跑到田边的一棵大树下躲避，不料躲过了雨淋却遭到了雷击，造成了一死两伤的惨剧。

知识探究

一、地震

地震通常由地球内部的变动引起，包括火山地震、陷落地震和构造地震等。地震是一种破坏力极强的自然灾害，地震引发的直接灾害和次生灾害都极为严重。我国处于环太平洋地震带与欧亚地震带交汇处，地质结构相当活跃，约有 1/3 的国土处于地震多发地带。

1. 地震时的防护措施

（1）立即关闭电源、火源。

（2）住平房者要迅速逃出门外、到比较宽广的地方，住楼房者可躲在桌子下面或有支撑和管道多的室内。

（3）最好戴安全帽、顶塑料盆等，以便保护头部。

（4）不要靠近狭窄的夹道、壕沟、峭壁和岸边等危险地带。

（5）居住在海边的居民要防海啸，防止海水倒流引起的水灾。

（6）居住近山者，要警惕山崩和泥石流发生。

（7）和亲友跑散时不要过度惊慌，要有条不紊。

（8）注意余震，但不要听信谣言。

2. 地震后的自救与互救

一般来讲，较大的地震发生之后，到处是断壁残垣、瓦砾废墟。对于幸免于难的人来说，及时开展自救和互救以降低伤亡程度是十分必要的。研究表明，地震发生后，越早对受灾者进行抢救，救活率就越高。自救与互救的措施主要包括以下几点。

（1）被埋压人员应充满信心，保存体力，伺机采取相应措施，主动脱险。

（2）脱险后的人应迅速对尚未脱险者实施救助，互救要有组织、有指挥地进行，切忌图快而增加不必要的伤亡。

（3）铁铲、铁钎等便于挖掘的轻便工具和毛巾、被单、衬衣、木板等器材是救护中必不可少的。

二、雷电

雷电是大气中的自然放电现象，如果不懂得防雷电常识，就有可能受到雷击伤害。那么，如何防止雷击伤害呢？

（1）雷电交加时，不要蹲在露天处，尤其不要站在高处，要距离电线杆、水塔、大树、车棚等突出物 8 米以外；不要站在高楼墙边，更不要靠近避雷接地引下线。

（2）要避免使携带的东西突出身体以外。在劳动时遇到雷雨，不要扛着锹、锄等金属工具乱跑，应放下金属工具，就近找低洼处趴下；在广阔地带遇雷雨，可穿雨衣，不要使用带金属柄的雨伞。

（3）若雷电发生时正在河里或水田中劳作或在泳池中游泳，要快速离开水面。

（4）为防止雷电波沿着低压线窜入室内损坏家用电器，在雷雨密集时或电源电压受到干扰时，最好停止使用家电，并关掉电源，拔下插头。

（5）打雷时，人的身体不要接触墙壁、门窗以及一切沿墙铺设的金属管道，

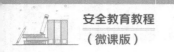

还要远离垂下的电线头和一切电线，以防高压电从配电线路引入的危险。

（6）雷雨交加时，应避免外出，并及时将门、窗关严，防止穿堂风使球形雷随风窜入室内。

（7）要等雷电过后再接打电话，以防雷电从通信信号线中侵入。

三、台风

台风是最巨大、最猛烈的风暴之一。台风往往会带来暴雨，甚至引起浪潮，淹没沿海陆地，冲毁道路。因此，当台风即将来临时，我们要做好预防工作。

（1）海边、河口等低洼地区的居民在台风袭来前，应尽可能到台风庇护站暂避；水上人家和渔民应把渔船驶入避风港；木屋区居民要用铁丝把屋顶绷好，以防台风把屋顶掀起；居所靠近高压电线的人家，应用胶带在窗玻璃上贴出"米"字形图案，以防玻璃破碎。

（2）台风袭来时，切勿靠近窗户，以免被强风吹破的窗玻璃碎片砸伤，并准备毯子和大毛巾，万一窗玻璃破碎，可以用其堵住风雨。

（3）留在屋内最安全，即使久困生闷，也不宜走到街上去，应储存足够的食物和饮用水，购买备用蜡烛或手电等。

（4）强风过后不久，"风眼"可能在上空掠过，会平静一段时间，天色变晴朗，风亦停止，切勿以为风暴已结束，因为台风可能会以雷霆万钧之势从反方向再度横扫而来。

四、海啸

海啸是一种破坏力很大、破坏范围很广的灾害，它对于海岸及船上人员的安全具有严重的威胁，需要及时防范。海边的居民及其他人员平时应注意收听广播、收看电视的预报消息，定时查看天气预报，观察海边的潮流动向，把船舶、浮桥等海上漂浮物牢牢地系在柱子上，把其他物品设法固定起来，对房屋和围墙要加以修补，把容易漂浮的家具固定起来。

万一被海啸卷进海中，需要沉着、冷静，见机行事，因为也有可能会被浪推上岸来。如果正巧被浪推上岸，应及时抓住地面上牢固的物体，以免再次被卷入海中。地震、海啸发生时，若正好在船的甲板上，则应马上蹲下并抓住物体，以免被抛入海中。

在海上随船漂流时，要有坚强的意志，学会节约饮用水，想方设法寻找食物。要想尽一切办法呼救，如喊叫、吹口哨、挥动颜色鲜艳的衣物等。

五、泥石流

泥石流是发生在沟谷或坡地上的一种饱含大量泥沙石块和巨砾的流体。泥石流的形成一般需要3个条件：陡急的山坡、沟谷，大量充足的松软固体物质，充足的水源。

相关研究表明，泥石流运动的速度一般是每秒 5 ～ 6 米，最快可达每秒 15 米，坡度越大，流速越快。泥石流从形成到流向堆积区有一段时间，因此，当发现泥石流形成或听到它流动的声音时，要立即向垂直于泥石流主轴方向的两侧高处奔跑，绝对不能犹豫或躲藏在谷底，那样做等于是放弃了逃生的机会。

六、洪水灾害

一个地区短期内连降暴雨，河水会猛烈上涨，漫过堤坝，淹没农田、村庄、冲毁道路、桥梁、房屋，这就是洪水灾害，即洪灾。严重的洪灾通常发生在江河湖溪沿岸及低洼地区，如果预防及时，灾区居民可及时转移，但是有些洪灾来势凶猛，可能来不及预先准备。此外，一些旅游者也有可能突然遭遇洪灾的袭击，因此，学会自救非常重要。

（1）受到洪灾威胁时，如果时间充裕，则应按照预定路线有组织地向山坡、高地等处转移；在已经受到洪灾侵袭的情况下，要尽可能利用船只、木排、门板、木床等进行水上转移。

（2）为防止洪水涌入屋内，要堵住大门下面的所有空隙。最好在门槛外侧放上沙袋，没有沙袋时，可在麻袋、草袋、布袋或塑料袋里面塞满沙子、泥土、碎石代替。

（3）如果洪水不断上涨，则应在楼上储备一些食物、饮用水、保暖衣物以及烧开水的用具。

（4）在爬上木筏之前，一定要试试木筏能否漂浮，要在木筏上备好食品、发信号的用具（如哨子、手电筒、旗帜、鲜艳的床单）、划桨等物品。在离开房屋乘木筏漂浮之前，要吃些含较多热量的食物，如巧克力、糖、甜糕点等，并喝些热饮料或热水，以增强体力。

（5）在离开家门之前，要把煤气阀、电源总开关等关掉，时间允许的话，将贵重物品用毛毯卷好，收藏在楼上的柜子里。出门时最好把房门关好，以免家产随水漂走。

（6）发现高压线铁塔倾倒、电线低垂或断折，要远离避险，不可触摸或接近，防止触电。

（7）洪水过后，要服用预防流行病的药物，做好卫生防疫工作，避免感染传染病。

七、火山爆发

火山爆发是人力所不能避免的巨大自然灾害，人们一旦遇到这种灾害，生命财产安全便会受到极大威胁。

撤离危险区时可以使用一切可以利用的交通工具。如果火山灰越积越厚，汽车因车轮陷入火山灰中无法行驶，应当机立断放弃汽车，沿大路奔跑，离开危险区。如果有火山口喷涌出的熔岩流逼近，应立即爬上高地。

在撤离危险区的过程中，要做好下列防护措施：①保护好头部，可以戴上头盔或者安全帽，也可以用普通帽子塞满报纸来抵挡一阵；②用湿手帕或毛巾、围巾等掩住口鼻作为临时性的人造防尘面具，用来过滤尘埃；③戴上护目镜以保护眼睛；④穿上稍厚重的衣服以保护身体。

火山爆发时，不但有大量的炽热岩浆从火山口喷出，还会有大量火山灰喷出，火山灰混合着各种气体有时会形成移动速度很快的炽热火山云。火山云所掠之处，植物、动物无不受到损害，因此，遇到火山云是相当危险的。当火山云向自己滚滚袭来时，只有两条逃生途径：①迅速躲进砖石砌筑的坚固地下室；②赶紧跳进附近的河中，屏住呼吸，将全身隐入水中。一般来说，一小团火山云在 30 秒的时间内便会飘掠而过。

八、雪崩

在所有高大的山岭区域，雪崩是一种严重的灾害。最常见的雪崩是聚积的雪突然滑下斜坡。当山的一部分突然垮掉，导致岩石、砾石和沙的混合物一起滑下时，也可能发生雪崩。当暴雨、地震或积聚的压力达到某一点（此时山体结构突然变得不稳定）时，也可能引发雪崩。

发生雪崩后，因为道路堵塞或者消息无法传出，受困者往往得不到及时的外部救援，所以自救是最重要的。以下是遭遇雪崩时应采取的措施：用爬行姿势在雪崩面的底部活动；丢掉包裹、雪橇、手杖或者其他对自己造成负担的随身物品；覆盖口、鼻部分以避免把雪吞下；休息时尽可能在身边造一个大的洞穴；节省力气，当听到有人来时大声呼叫；被雪掩埋时，冷静下来，让口水流出从而判断上下方，然后奋力向上挖掘，在雪凝固前，试着到达表面。

九、龙卷风

龙卷风是从强流积雨云中伸向地面的一种小范围强烈旋风。龙卷风出现时，往往有一个或数个如同"象鼻子"的漏斗状云柱从云底向下伸展，同时伴随狂风暴雨、雷电或冰雹。龙卷风经过水面，能吸水上升，形成水柱，同云相接，俗称"龙吸水"；经过陆地，常会卷倒房屋，吹折电杆，甚至把人、畜和杂物吸卷到空中、带往他处，对人民的生命财产威胁极大。

龙卷风发生的地区很广泛，常发生于夏季的雷雨天气时，尤其以下午至傍晚最为多见，危害极大，不能不防。那么，在龙卷风袭来时，怎样有效地保护自己呢？

（1）龙卷风往往来得十分迅速、突然，直径一般在十几米到数百米。龙卷风的生命期短，一般只有几分钟，最长也不超过数小时，所以在这段时间最好不要到屋外活动。

（2）在室内，应保护好头部，面向墙壁蹲下。

（3）若在野外遇到龙卷风，则应迅速向龙卷风前进的相反方向或者侧向移动躲避。

（4）若龙卷风已经到达眼前，则应寻找低洼地形趴下，闭上口、眼，用双手、双臂保护头部，防止被飞来物砸伤。

（5）如果是在乘坐汽车时遇到龙卷风，则应下车躲避，不要留在车内。

反观自我 ▶▶▶▶▶▶▶▶▶▶▶▶▶▶▶▶

随着环境的恶化，洪水灾害、干旱、沙尘暴等自然灾害日益猖獗，我们应该如何做好防范措施？

_____

_____

_____

知识拓展

预测地震民谣

震前动物有预兆，群测群防很重要。

牛羊骡马不进圈，猪不吃食狗乱咬。

鸭不下水岸上闹，鸡乱上树高声叫。

冰天雪地蛇出洞，大猫携着小猫跑。

兔子竖耳蹦又撞，鱼跃水面惶惶跳。

蜜蜂群迁闹哄哄，鸽子惊飞不回巢。

家家户户都观察，综合异常做预报。

学以致用 ▶

1. 地震时该怎样逃生？
2. 怎样避免被雷电击中？

◆◆ 素质拓展 ◆◆

"救命神器" AED 走进小学校园，为师生筑起生命防线

2021 年 7 月 8 日，首都师范大学附属小学柳明校区迎来两台"救命神器"AED（自动体外除颤器）。据悉，这是 AED 首次走进北京市小学校园。

近年来，校园猝死事件时有发生，给家庭带来极大的伤害和痛苦。心脏骤停只有 4 分钟的黄金抢救时间，一旦超过 4 分钟，大脑就会发生不可逆转的损伤。

室颤是导致猝死的致命性心律失常，而抢救室颤最有效的方法就是心脏电击除颤。尽早实施高质量的心肺复苏，利用 AED 除颤等急救措施对提高心脏骤停者的生存率十分重要。AED 能够与时间赛跑，抢救更多的生命。AED 能在 1 分钟内完成除颤，抢救成功率高达 90%。

首都师范大学附属小学柳明校区顺应国家完善公共场所急救设施配备标准的要求，在校园内安装设置 AED，保证在突发情况下，满足及时对师生进行有效救治的急救条件。当日，中国人民解放军总医院心血管内科张然副主任在校园给老师进行细致的技术讲解和操作培训，确保 AED 在突发情况下发挥有效作用。

孩子是祖国的未来，需要全社会的呵护。在校园内大力普及应急救护知识，提高师生在紧急状态下避险逃生和自救互救能力，刻不容缓。校园 AED 的规范化布防和急救知识的普及，不但能保障学生在校园内的健康，让家长更为放心，也能提高学生的急救能力和乐于助人的施救意识，从而使学生力量逐渐成长为社会急救力量，进而提高国民整体的急救能力和素质。

（资料来源：《科技日报》，有删改）

讨论：

1. 为什么提倡在校园内大力普及应急救护知识？
2. 结合材料和所学知识，分析急救前需要做好哪些准备。

附录

学生伤害事故处理办法

学生伤害事故处理办法

（2002 年 6 月 25 日教育部令第 12 号公布　根据 2010 年 12 月 13 日《教育部关于修改和废止部分规章的决定》修正）

第一章　总则

第一条　为积极预防、妥善处理在校学生伤害事故，保护学生、学校的合法权益，根据《中华人民共和国教育法》《中华人民共和国未成年人保护法》和其他相关法律、行政法规及有关规定，制定本办法。

第二条　在学校实施的教育教学活动或者学校组织的校外活动中，以及在学校负有管理责任的校舍、场地、其他教育教学设施、生活设施内发生的，造成在校学生人身损害后果的事故的处理，适用本办法。

第三条　学生伤害事故应当遵循依法、客观公正、合理适当的原则，及时、妥善地处理。

第四条　学校的举办者应当提供符合安全标准的校舍、场地、其他教育教学设施和生活设施。

教育行政部门应当加强学校安全工作，指导学校落实预防学生伤害事故的措施，指导、协助学校妥善处理学生伤害事故，维护学校正常的教育教学秩序。

第五条　学校应当对在校学生进行必要的安全教育和自护自救教育；应当按照规定，建立健全安全制度，采取相应的管理措施，预防和消除教育教学环境中存在的安全隐患；当发生伤害事故时，应当及时采取措施救助受伤害学生。

学校对学生进行安全教育、管理和保护，应当针对学生年龄、认知能力和法律行为能力的不同，采用相应的内容和预防措施。

第六条　学生应当遵守学校的规章制度和纪律；在不同的受教育阶段，应当根据自身的年龄、认知能力和法律行为能力，避免和消除相应的危险。

第七条　未成年学生的父母或者其他监护人（以下称为监护人）应当依法履行监护职责，配合学校对学生进行安全教育、管理和保护工作。

学校对未成年学生不承担监护职责，但法律有规定的或者学校依法接受委托承担相应监护职责的情形除外。

第二章　事故与责任

第八条　学生伤害事故的责任，应当根据相关当事人的行为与损害后果之间的因果关系依法确定。

第九条　因下列情形之一造成的学生伤害事故，学校应当依法承担相应的责任：

（一）学校的校舍、场地、其他公共设施，以及学校提供给学生使用的学具、教育教学和生活设施、设备不符合国家规定的标准，或者有明显不安全因素的；

（二）学校的安全保卫、消防、设施设备管理等安全管理制度有明显疏漏，或者管理混乱，存在重大安全隐患，而未及时采取措施的；

（三）学校向学生提供的药品、食品、饮用水等不符合国家或者行业的有关标准、要求的；

（四）学校组织学生参加教育教学活动或者校外活动，未对学生进行相应的安全教育，并未在可预见的范围内采取必要的安全措施的；

（五）学校知道教师或者其他工作人员患有不适宜担任教育教学工作的疾病，但未采取必要措施的；

（六）学校违反有关规定，组织或者安排未成年学生从事不宜未成年人参加的劳动、体育运动或者其他活动的；

（七）学生有特异体质或者特定疾病，不宜参加某种教育教学活动，学校知道或者应当知道，但未予以必要的注意的；

（八）学生在校期间突发疾病或者受到伤害，学校发现，但未根据实际情况及时采取相应措施，导致不良后果加重的；

（九）学校教师或者其他工作人员体罚或者变相体罚学生，或者在履行职责过程中违反工作要求、操作规程、职业道德或者其他有关规定的；

（十）学校教师或者其他工作人员在负有组织、管理未成年学生的职责期间，发现学生行为具有危险性，但未进行必要的管理、告诫或者制止的；

（十一）对未成年学生擅自离校等与学生人身安全直接相关的信息，学校发现或者知道，但未及时告知未成年学生的监护人，导致未成年学生因脱离监护人的保护而发生伤害的；

（十二）学校有未依法履行职责的其他情形的。

第十条 学生或者未成年学生监护人由于过错，有下列情形之一，造成学生伤害事故，应当依法承担相应的责任：

（一）学生违反法律法规的规定，违反社会公共行为准则、学校的规章制度或者纪律，实施按其年龄和认知能力应当知道具有危险或者可能危及他人的行为的；

（二）学生行为具有危险性，学校、教师已经告诫、纠正，但学生不听劝阻、拒不改正的；

（三）学生或者其监护人知道学生有特异体质，或者患有特定疾病，但未告知学校的；

（四）未成年学生的身体状况、行为、情绪等有异常情况，监护人知道或者已被学校告知，但未履行相应监护职责的；

（五）学生或者未成年学生监护人有其他过错的。

第十一条　学校安排学生参加活动，因提供场地、设备、交通工具、食品及其他消费与服务的经营者，或者学校以外的活动组织者的过错造成的学生伤害事故，有过错的当事人应当依法承担相应的责任。

第十二条　因下列情形之一造成的学生伤害事故，学校已履行了相应职责，行为并无不当的，无法律责任：

（一）地震、雷击、台风、洪水等不可抗的自然因素造成的；

（二）来自学校外部的突发性、偶发性侵害造成的；

（三）学生有特异体质、特定疾病或者异常心理状态，学校不知道或者难于知道的；

（四）学生自杀、自伤的；

（五）在对抗性或者具有风险性的体育竞赛活动中发生意外伤害的；

（六）其他意外因素造成的。

第十三条　下列情形下发生的造成学生人身损害后果的事故，学校行为并无不当的，不承担事故责任；事故责任应当按有关法律法规或者其他有关规定认定：

（一）在学生自行上学、放学、返校、离校途中发生的；

（二）在学生自行外出或者擅自离校期间发生的；

（三）在放学后、节假日或者假期等学校工作时间以外，学生自行滞留学校或者自行到校发生的；

（四）其他在学校管理职责范围外发生的。

第十四条　因学校教师或者其他工作人员与其职务无关的个人行为，或者因学生、教师及其他个人故意实施的违法犯罪行为，造成学生人身损害的，由致害人依法承担相应的责任。

第三章　事故处理程序

第十五条　发生学生伤害事故，学校应当及时救助受伤害学生，并应当及时告知未成年学生的监护人；有条件的，应当采取紧急救援等方式救助。

第十六条　发生学生伤害事故，情形严重的，学校应当及时向主管教育行政部门及有关部门报告；属于重大伤亡事故的，教育行政部门应当按照有关规定及时向同级人民政府和上一级教育行政部门报告。

第十七条　学校的主管教育行政部门应学校要求或者认为必要，可以指导、协助学校进行事故的处理工作，尽快恢复学校正常的教育教学秩序。

第十八条　发生学生伤害事故，学校与受伤害学生或者学生家长可以通过协商方式解决；双方自愿，可以书面请求主管教育行政部门进行调解。

成年学生或者未成年学生的监护人也可以依法直接提起诉讼。

第十九条　教育行政部门收到调解申请，认为必要的，可以指定专门人员进行调解，并应当在受理申请之日起 60 日内完成调解。

第二十条　经教育行政部门调解，双方就事故处理达成一致意见的，应当在调解人员的见证下签订调解协议，结束调解；在调解期限内，双方不能达成一致意见，或者调解过程中一方提起诉讼，人民法院已经受理的，应当终止调解。

调解结束或者终止，教育行政部门应当书面通知当事人。

第二十一条　对经调解达成的协议，一方当事人不履行或者反悔的，双方可以依法提起诉讼。

第二十二条　事故处理结束，学校应当将事故处理结果书面报告主管的教育行政部门；重大伤亡事故的处理结果，学校主管的教育行政部门应当向同级人民政府和上一级教育行政部门报告。

第四章　事故损害的赔偿

第二十三条　对发生学生伤害事故负有责任的组织或者个人，应当按照法律法规的有关规定，承担相应的损害赔偿责任。

第二十四条　学生伤害事故赔偿的范围与标准，按照有关行政法规、地方性法规或者最高人民法院司法解释中的有关规定确定。

教育行政部门进行调解时，认为学校有责任的，可以依照有关法律法规及国家有关规定，提出相应的调解方案。

第二十五条　对受伤害学生的伤残程度存在争议的，可以委托当地具有相应鉴定资格的医院或者有关机构，依据国家规定的人体伤残标准进行鉴定。

第二十六条　学校对学生伤害事故负有责任的，根据责任大小，适当予以经济赔偿，但不承担解决户口、住房、就业等与救助受伤害学生、赔偿相应经济损失无直接关系的其他事项。

学校无责任的，如果有条件，可以根据实际情况，本着自愿和可能的原则，对受伤害学生给予适当的帮助。

第二十七条　因学校教师或者其他工作人员在履行职务中的故意或者重大过失造成的学生伤害事故，学校予以赔偿后，可以向有关责任人员追偿。

第二十八条　未成年学生对学生伤害事故负有责任的，由其监护人依法承担相应的赔偿责任。

学生的行为侵害学校教师及其他工作人员以及其他组织、个人的合法权益，造成损失的，成年学生或者未成年学生的监护人应当依法予以赔偿。

第二十九条　根据双方达成的协议、经调解形成的协议或者人民法院的生效判决，应当由学校负担的赔偿金，学校应当负责筹措；学校无力完全筹措的，由学校的主管部门或者举办者协助筹措。

第三十条　县级以上人民政府教育行政部门或者学校举办者有条件的，可以通过设立学生伤害赔偿准备金等多种形式，依法筹措伤害赔偿金。

第三十一条　学校有条件的，应当依据保险法的有关规定，参加学校责任保险。

教育行政部门可以根据实际情况，鼓励中小学参加学校责任保险。

提倡学生自愿参加意外伤害保险。在尊重学生意愿的前提下，学校可以为学生参加意外伤害保险创造便利条件，但不得从中收取任何费用。

第五章　事故责任者的处理

第三十二条　发生学生伤害事故，学校负有责任且情节严重的，教育行政部门应当根据有关规定，对学校的直接负责的主管人员和其他直接责任人员，分别给予相应的行政处分；有关责任人的行为触犯刑律的，应当移送司法机关依法追究刑事责任。

第三十三条　学校管理混乱，存在重大安全隐患的，主管的教育行政部门或者其他有关部门应当责令其限期整顿；对情节严重或者拒不改正的，应当依据法律法规的有关规定，给予相应的行政处罚。

第三十四条　教育行政部门未履行相应职责，对学生伤害事故的发生负有责任的，由有关部门对直接负责的主管人员和其他直接责任人员分别给予相应的行政处分；有关责任人的行为触犯刑律的，应当移送司法机关依法追究刑事责任。

第三十五条　违反学校纪律，对造成学生伤害事故负有责任的学生，学校可以给予相应的处分；触犯刑律的，由司法机关依法追究刑事责任。

第三十六条　受伤害学生的监护人、亲属或者其他有关人员，在事故处理过程中无理取闹，扰乱学校正常教育教学秩序，或者侵犯学校、学校教师或者其他工作人员的合法权益的，学校应当报告公安机关依法处理；造成损失的，可以依法要求赔偿。

第六章　附则

第三十七条　本办法所称学校，是指国家或者社会力量举办的全日制的中小学（含特殊教育学校）、各类中等职业学校、高等学校。

本办法所称学生是指在上述学校中全日制就读的受教育者。

第三十八条　幼儿园发生的幼儿伤害事故，应当根据幼儿为完全无行为能力人的特点，参照本办法处理。

第三十九条　其他教育机构发生的学生伤害事故，参照本办法处理。

在学校注册的其他受教育者在学校管理范围内发生的伤害事故，参照本办法处理。

第四十条　本办法自 2002 年 9 月 1 日起实施，原国家教委、教育部颁布的与学生人身安全事故处理有关的规定，与本办法不符的，以本办法为准。

在本办法实施之前已处理完毕的学生伤害事故不再重新处理。